天然气长输管道分输站
HSE 培训矩阵编制与应用手册

中国石油天然气集团有限公司质量安全环保部 编

石油工业出版社

内 容 提 要

为了给基层管理人员和岗位操作人员在编制矩阵、开发课件、实施培训等关键环节提供可借鉴的方法技巧和实际内容，中国石油天然气集团有限公司质量安全环保部组织编写了有关基层岗位 HSE 培训矩阵编制与应用的系列图书。本书针对天然气长输管道分输站的岗位特点，开展危害因素分析，开发 HSE 培训矩阵，并对培训矩阵进行应用。

本书适合天然气长输管道分输站人员学习使用。

图书在版编目(CIP)数据

天然气长输管道分输站 HSE 培训矩阵编制与应用手册/中国石油天然气集团有限公司质量安全环保部编. —北京：石油工业出版社，2019.5
 ISBN 978 – 7 – 5183 – 3275 – 5

Ⅰ.①天… Ⅱ.①中… Ⅲ.①天然气输送 – 长输管道 – 管道工程 – 中国 – 手册 Ⅳ.①TE832 – 62

中国版本图书馆 CIP 数据核字(2019)第 056091 号

出版发行：石油工业出版社
（北京安定门外安华里2区1号 100011）
网　　址：www.petropub.com
编辑部：(010)64523550　图书营销中心：(010)64523633
经　销：全国新华书店
印　刷：北京晨旭印刷厂

2019 年 5 月第 1 版　2019 年 5 月第 1 次印刷
787×1092 毫米　开本：1/16　印张：9.25
字数：230 千字

定价：36.00 元
（如发现印装质量问题，我社图书营销中心负责调换）
版权所有，翻印必究

《基层岗位 HSE 培训矩阵编制与应用手册》
编 委 会

主　　任：张凤山
副 主 任：邹　敏　　黄　飞　　赵金法　　周爱国
委　　员：赵邦六　　吕文军　　张　宏　　吴世勤　　仲文旭
　　　　　喻著成　　李崇杰　　王其华　　朱水桥　　乐　宏
　　　　　魏兆胜　　刘华林　　杜庆华　　吴跃庆　　魏东吼
　　　　　王治平　　汪国庆　　姚长斌　　赵红超

本书编写组

主　　编：邱少林　　崔京辉
副 主 编：毕治强　　胡月亭
编写人员：赖　康　　郭存杰　　杜朝晖　　张东宁　　史家旭
　　　　　李　超　　张国兴　　马秀云　　张　敏　　茹阿鹏
　　　　　林金龙　　陈　强　　韩　铭　　齐迎峰　　刘　亚
　　　　　徐新颖　　袁华宇　　高　堃　　窦　震　　焦　健
　　　　　龚　俊　　许立峰　　毕清军　　王　刚　　王立学
　　　　　刘黎宁　　赵永辉　　冯雄辉　　张　伊　　赵蕾蕾

前言

安全环保是中国石油天然气集团有限公司(以下简称集团公司)三大基础性工程之一,而HSE培训是提高全员安全环保意识和能力的有效手段,是抓好安全环保工作的重要前提和保障。近年来,集团公司在建设和持续推进HSE管理体系过程中,高度重视HSE培训工作,先后发布了《HSE培训管理办法》(人事〔2009〕35号)和Q/SY 1234—2009《HSE培训管理规范》,在HSE培训工作中引入了培训矩阵这一先进有效的工具方法,并通过在部分企业试点推进,积累了一定经验,取得了较好效果,为各企业加强HSE培训,提高全员综合素质,促进HSE管理体系有效运行发挥了引领性和指导性作用,但在部分企业和人员中还存在着对培训矩阵理解有偏差、认识不到位、应用不充分等突出问题,影响了矩阵应用的质量和效果。

工欲善其事,必先利其器。随着国家法律法规对安全环保培训要求的逐步提高,为进一步规范基层HSE培训矩阵编制与应用,增强其专业性和操作性,切实为基层管理人员和岗位操作人员在编制矩阵、开发课件、实施培训等环节上提供可借鉴的方法技巧和实际内容,集团公司依据Q/SY 1519—2012《基层岗位HSE培训矩阵编写指南》,分专业组织编写了《基层岗位HSE培训矩阵编制与应用手册》系列图书,旨在不断促进提升基层岗位员工HSE意识和能力,进一步深化落实集团公司HSE制度和标准。

本书是《基层岗位HSE培训矩阵编制与应用手册》系列图书之一,主要结合陕京管道系统各专业和生产工艺特点进行编制,由北京天然气管道公司承担编写任务,集团公司安全环保技术研究院、中油宇安培训中心等有关企业参加了本书的审定工作。本书在编写过程中吸纳了各专业技术管理人员、有经验的基层管理人员和基层岗位员工参与,文字言简意赅、通俗易懂,并尽可能采用图片、表格和示例等形式,突出简洁、直观、实用,可作为基层HSE培训工作人员的工具书和参考书。

由于编者水平有限,难免存在一些不足,敬请广大读者提出宝贵意见和建议。

编者

2019年1月

目录
CONTENTS

第一章 概述 ··· (1)
  第一节 HSE 培训矩阵背景和发展历程 ·· (1)
  第二节 HSE 培训矩阵基本结构及内容 ·· (2)
  第三节 HSE 培训矩阵深化应用的基本要求 ··· (4)

第二章 分输站岗位 HSE 培训矩阵编制 ··· (6)
  第一节 编制基本要求 ··· (6)
  第二节 岗位需求调查 ··· (8)
  第三节 划分管理单元 ··· (9)
  第四节 梳理操作项目 ··· (14)
  第五节 开展危害分析 ··· (16)
  第六节 设定培训内容 ··· (18)
  第七节 设定培训要求 ··· (21)
  第八节 矩阵形成与发布 ··· (26)

第三章 培训课件编制 ··· (29)
  第一节 编制基本要求 ··· (29)
  第二节 通用安全知识课件编制 ··· (34)
  第三节 岗位操作技能课件编制 ··· (49)
  第四节 生产受控管理课件编制 ··· (68)
  第五节 HSE 理念、方法与工具课件编制 ··· (81)

第四章 HSE 培训矩阵应用 ··· (93)
  第一节 员工能力评估 ··· (93)
  第二节 编制培训计划 ··· (96)
  第三节 培训组织实施 ··· (98)
  第四节 培训效果评价 ··· (98)
  第五节 培训信息管理 ··· (99)
  第六节 矩阵应用保障 ··· (100)

附录 1 分输站基层岗位(正副站长)HSE 培训矩阵 ·· (102)
附录 2 分输站基层岗位(输气工)HSE 培训矩阵 ·· (119)

第一章 概 述

以HSE培训矩阵为载体建立的需求型HSE培训模式是立足岗位需求、突出风险防控、落实培训直线责任、提高HSE培训针对性和有效性、持续提升岗位员工安全环保意识和能力的一种创新机制,是对传统HSE培训工作的改进和发展。

第一节 HSE培训矩阵背景和发展历程

一、基层HSE培训工作存在的问题

基层HSE培训是安全环保管理中较为关键的一个环节。以往在开展基层HSE培训时,主要由安全部门和安全管理人员组织落实,培训计划完成以满足课时要求为主,对岗位培训需求考虑不充分。采用"填鸭式"集中课堂教学方法,强制要求员工参加培训,培训效果不佳。基层可利用的HSE培训资源相对较少,考核评估过多关注结果,不注重过程考核。具体表现在以下几个方面:

(1)对基层HSE培训原则性要求多,内容"大而全",没有突出岗位HSE风险,缺少具体操作指南。

(2)基层HSE培训偏重于完成课时计划,培训计划和实施没有结合岗位和员工实际需求,针对性差。

(3)授课方式方法单一,大规模培训多,没有强调培训的"直线责任",没有充分考虑员工个体的需要和应用。

(4)以考核代替评估,用完成培训任务衡量培训效果。

(5)基层HSE培训师资相对不足,无法满足基层HSE培训实际需要。

二、HSE培训矩阵引入及应用

2009年7月1日,中国石油天然气集团有限公司(以下简称集团公司)发布了Q/SY 1234—2009《HSE培训管理规范》,对开展基层HSE培训提出了具体要求,引入培训矩阵这一工具方法,着力提升HSE培训管理水平。

2009—2010年,集团公司以吉林油田公司为试点,开展"油气田企业基层HSE培训机制研究"项目,从员工岗位能力要求入手,开发编制基层岗位HSE培训矩阵,积极建立基层岗位"需求型"HSE培训模式。

2011年,集团公司下发了《关于进一步加强基层HSE培训工作的通知》(安全〔2011〕195号),对基层岗位HSE培训矩阵推广工作提出了具体要求;同年,组织制定Q/SY 1519—2012《基层岗位HSE培训矩阵编写指南》,规范了基层岗位HSE培训矩阵的编写、审核、培训和沟通等管理要求,为各企业推行HSE培训矩阵提供了重要指导。

2012年以来,集团公司一直强调基层"需求型"HSE培训模式的推行工作,始终关注各企业HSE培训矩阵推广和应用情况。

2014年5月,集团公司安全环保与节能部组织召开了基层岗位HSE培训矩阵编制研讨会,对各企业明确提出深化应用HSE培训矩阵的要求,并组织对勘探生产、炼油化工、油品销售、天然气与管道、工程技术、工程建设和装备制造7个板块、12家企业、22个专业的HSE培训矩阵模板进行了统一规范编制。

2016年5月,集团公司安全环保与节能部组织吉林油田、安全环保技术研究院等单位编写出版了《采油队HSE培训矩阵编制与应用手册》,为采油队如何编制和应用基层岗位HSE培训矩阵提供了工作指南和参考,也为其他专业编写《培训矩阵编制与应用手册》提供了总体框架和流程。

通过近年来的探索与实践、试点与推广,HSE培训矩阵已经得到了各企业的广泛认同,基层HSE培训工作进一步加强,为集团公司全面、深入推行HSE管理体系奠定了重要基础。

三、建立基层HSE培训矩阵的目的和意义

建立并应用基层HSE培训矩阵,使基层HSE培训直线责任得到有效落实,"分岗位、短课时、小范围、多形式"的新型培训模式得以有力推行,其目的和意义主要表现在以下几个方面:

(1)促进基层HSE培训管理机制不断完善。通过推行基层HSE培训矩阵,能够进一步理顺基层HSE培训责任,有效解决基层"谁来培训、培训什么、多长时间、什么方式"和想要达到"什么效果"等实际问题,较之以往在HSE培训管理机制上有了很大程度的改进。

(2)保证各岗位HSE培训要求更加明晰。分岗位把培训要求列入到同一表中,直观体现每个岗位每项培训的具体要求,贴近生产、贴近岗位、贴近实际,能够增强基层HSE培训的针对性和操作性。

(3)推动基层现场风险管控能力持续提升。按照利于规范操作、便于风险辨识的原则,列出各个操作项目,并开展岗位员工个性化能力评估,全方位找出员工技能与岗位要求之间的差距,能够有效消除岗位风险控制盲点,同时也便于有针对性的提高员工单项操作技能。

(4)促使操作规程和培训课件进一步规范。在编制HSE培训矩阵过程中,划分管理单元、梳理操作项目是基础,这两个工作环节也恰恰是操作规程制修订的前提,因此通过编制HSE培训矩阵,自然而然地就会对操作规程的有无及是否完善、HSE培训课件的有无及是否完善进行确认,推动基层查找操作规程的缺失,确保及时增补和完善。

(5)促进培训方式多样化、实用化。通过分岗位建立HSE培训矩阵,培训对象会相对固定,而且能够做到小范围,培训过程中就可以不拘泥于传统意义上"讲、听、记",使互动交流、相互研讨等灵活多样的培训方式方法得到有效运用,培训效果必然事半功倍。

第二节 HSE培训矩阵基本结构及内容

基层岗位HSE培训矩阵是将培训需求与有关岗位列入同一表中,由培训项目、培训课时、培训周期、培训方式、培训效果、培训师资等一系列核心要素组成,每个要素起着不同的作用,目的是明确说明和直观展现岗位需要接受的培训内容、掌握程度、培训频次等信息,一般采用二维表格形式。

一、基层岗位HSE培训矩阵名称

基层岗位HSE培训矩阵以基层岗位名称命名,直接体现了培训矩阵的适用对象。如输气

工岗位的 HSE 培训矩阵的名称就可以称为"输气工岗位 HSE 培训矩阵"。

二、基层岗位 HSE 培训矩阵的内容

基层岗位 HSE 培训应当明确拟培训内容、培训的课时、实施培训的周期、应当采取的培训方式、培训预期达到的目标、指定的授课人员等主要要素,这些要素也就是组成 HSE 培训矩阵的主要结构,归纳起来包括培训项目、培训课时、培训周期、培训方式、培训效果、培训师资等内容。

三、基层岗位 HSE 培训矩阵示例

基层岗位 HSE 培训矩阵一般多采用二维表格的形式,更加简单、明确、易懂,见表1-1。

表1-1 基层岗位(××岗)HSE 培训矩阵

序号	培训内容	培训课时	培训周期	培训方式	培训效果	培训师资	备注
1	……	……	……	……	……	……	
2							

在基层岗位 HSE 培训矩阵中,横向的核心内容可以概括为培训要求,依次为"培训内容""培训课时""培训周期""培训方式""培训效果""培训师资"等,根据需要可在表格前后分别设"序号""备注"栏目便于标识和注释。纵向的核心要素为培训内容,概况起来可以包括通用安全知识、岗位操作技能、生产受控管理及 HSE 理念、方法与工具等四个部分,在每个部分中还可以进一步细化明确具体的培训内容或项目,见表1-2。

表1-2 输气工岗位 HSE 培训矩阵

序号	培训内容	培训课时	培训周期	培训方式	培训效果	培训师资	备注
1	通用安全知识						
1.1	防火防爆	0.5	1年	课堂培训	掌握	直线领导或其他培训师	
…	……	…	……	……	……	……	
2	岗位操作技能						
2.1	球阀操作维护	0.5	3年	课堂+实操	掌握	直线领导或其他培训师	
…	……	…	……	……	……	……	
3	生产受控管理						
3.1	作业许可	0.5	3年	课堂培训	掌握	直线领导或其他培训师	
…	……	…	……	……	……	……	
4	HSE 理念、方法与工具						
4.1	属地管理	0.5	3年	课堂培训	掌握	直线领导或其他培训师	
…	……	…	……	……	……	……	

注:培训课时单位为小时(h)。

第三节　HSE 培训矩阵深化应用的基本要求

一、推广基层 HSE 培训矩阵过程中存在的问题

推行以 HSE 培训矩阵为载体的"需求型"培训模式之后,传统意义上的 HSE 培训带来的问题在一定层面上得到了一定程度的解决,基层 HSE 培训效果不断增强。但从近年来一些企业发生的事故事件、违规违章现象也可以看出,基层 HSE 培训矩阵还没有得到有效应用,"需求型"HSE 培训模式的推行在深度和广度上还存在一定差距,主要表现在以下几个方面:

(1)对基层 HSE 培训矩阵编制与应用工作认识不够。一些基层领导者和培训管理人员对于矩阵编制、评审及应用理解不到位,相关专业人员参与不够,前期开展培训调查分析不充分,不能有效结合生产实际实施"需求型"HSE 培训。

(2)对基层 HSE 培训矩阵编制与应用工作方法掌握不够。由于以 HSE 培训矩阵为载体实施"需求型"HSE 培训是集团公司 2008 年以来推进 HSE 管理体系建设的一项新方法、新举措,相对来说是新生事物,各层面人员对此了解掌握程度参差不齐,一些基层站队抓不住重点,采取的方式方法有欠缺,存在"照搬照抄""简单复制"现象。

(3)对基层 HSE 培训矩阵应用的培训及要求不够。一些基层站队编制完成 HSE 培训矩阵后对相应管理人员和岗位操作员工的培训、指导不到位,有的甚至"束之高阁",只是为了应付检查和考核,没有发挥实际作用。

(4)培训计划、能力评估标准与基层 HSE 培训矩阵不统一。一些基层站队没有厘清 HSE 培训矩阵与培训计划、能力评估标准的关系,"矩阵是矩阵""计划是计划""评估标准是评估标准",各搞一套、相互脱节,不仅增加了自身的工作量,而且给基层员工带来了负担。

(5)对促进基层风险防控作用发挥不够。编制的 HSE 培训矩阵与生产实际联系不紧密,对提升员工安全意识和能力、防控风险作用不大,对规范员工操作行为缺乏指导性;部分所列操作项目没有配套的操作规程和 HSE 培训课件,缺少相应支持性内容。HSE 培训矩阵开发完成后,多数基层单位都是简单地把操作规程、应急处置程序等作为培训内容,这些内容一般为文本格式,培训教师在教授时也只是"照本宣科",员工感觉单调、乏味,培训效果不佳,使"需求型"HSE 培训模式推广落在了"最后一公里"。

只有妥善处理好这些问题和矛盾,才能使基层 HSE 培训矩阵的作用得到充分发挥,才能有效提高 HSE 培训效率和效果,从而提升员工 HSE 意识和岗位操作能力。

二、深化应用基层 HSE 培训矩阵的思路

要想解决好基层 HSE 培训新模式推广和培训矩阵应用过程中存在的问题,必须深入分析"症结"所在,抓住主要矛盾和关键环节,从实际出发采取可行性措施。

(1)进一步提高 HSE 培训矩阵应用的认识。从正面教育和引导基层管理者、专业技术人员破除因循守旧的思想,积极主动、联系实际、应用好 HSE 培训矩阵这一有效的工具方法,切实解决好以往基层 HSE 培训缺乏系统性、针对性和操作性等问题,真正把基层 HSE 培训工作抓实、抓细,切实提高基层员工综合素质。同时,强化制度和标准执行力,对于不认真执行制度、不按照标准开展具体工作的应严格考核、督促落实。

(2)进一步突出风险防控在培训内容中的主导地位。在已有规章制度、操作规程和应急处置程序等培训内容的基础上,把HSE培训课件的编制开发纳入工作重点,使基层HSE培训有抓手、有实质内容。加强对基层岗位人员培训课件编制的培训辅导,不断提高基层开发培训课件(一般为PPT格式)的能力和水平,使HSE培训内容变得形象生动、灵活多样,增强员工接受HSE培训的积极性和主动性。即根据各岗位操作项目涉及的不同危害和风险类别,细化操作规程和应急处置程序中的风险控制措施,对应矩阵所列具体项目(可一对一或多对一),编制专项培训课件,开展有针对性的培训,与现场实际实现有效对接。把人的不安全行为和物的不安全状态影像资料加入到HSE培训课件当中,培训师在授课时,针对关键环节设置疑问,与员工互动研讨,让员工找风险、说案例、讲措施,真正使"矩阵、规程(应急程序等)、课件、培训师、员工"五个要素融为一体,切实强化HSE培训的直观性和实效性。

(3)进一步强化矩阵编制的规范性和指导性。分专业、分岗位开发应用基层HSE培训矩阵,为深入推广"需求型"HSE培训模式提供成形、可参考的"相对固定式模板"。在矩阵编制开发过程中,应严格遵循"贴近岗位、贴近生产和直线负责"的编制原则,依据集团公司标准,结合生产实际,针对各专业工艺、技术、操作和设备等特点,遵照划分管理单元、梳理操作项目、开展危害分析、明确岗位需求、设定培训内容、设定培训要求等步骤编制矩阵。

(4)进一步完善基层HSE培训机制,不断强化资源保障。应加强组织领导,完善规章制度,强化考核和激励,促进岗位员工自主学习和参加集中培训有机结合、相得益彰。把基层HSE培训列为重要考核内容,生产型基层站队必须100%推广,生产岗位必须100%建立矩阵,员工必须100%接受HSE培训。把HSE培训作为技能鉴定、岗位晋级的基本条件,明确培训师选聘比例、条件、方法和激励政策。对培训师授课应采取发放酬金、享受操作骨干待遇等举措;对开发课件员工应给予奖励,鼓励人人争当培训师,强化HSE培训师队伍建设,切实为基层HSE培训工作提供人力资源保障。

第二章　分输站岗位 HSE 培训矩阵编制

分输站作为天然气长输管道系统的重要组成部分，承担着调压、分输、计量等任务。站内一般设置过滤分离设备、清管器接收及发送设备、调压计量系统、紧急截断及安全泄放系统、放空及排污系统、可燃气体检测及火灾报警系统、防腐检测及控制系统等。分输站场的主要风险有管道及设备泄漏、站场设备故障和控制系统故障等。由于管理不当或操作不慎可能导致火灾、爆炸、爆管、触电、中毒、窒息等事故的发生。结合分输站实际与专业特点，编制与应用 HSE 培训矩阵，开展岗位 HSE 培训，提升员工安全环保意识和风险管控能力是分输站安全环保工作的重中之重。

第一节　编制基本要求

按照"一个岗位一个矩阵，一级培训一级"的要求，分输站培训矩阵编制工作应由基层单位牵头组织，成立编制小组，制定编制方案，明确职责分工、进度与方法，组织开展编制工作。

一、HSE 培训矩阵编制原则

（1）风险管控原则。在全面开展风险识别和评价的基础上，围绕安全环保意识和风险管控能力提升，在通用安全知识、生产受控管理流程和 HSE 理念、方法与工具三个框架下设置培训内容；围绕操作过程风险控制，在岗位操作技能部分设置培训项目，达到全面识别和管控生产经营活动中 HSE 风险的目的。

（2）全员参与原则。在分输站岗位 HSE 培训矩阵编制过程中，工艺、设备、技术、HSE 管理及岗位操作员工要全面参与，依靠管理人员和技术人员保证矩阵涵盖内容的准确性和完整性，依靠岗位操作员工结合岗位特点和工作经验，提高培训内容的实用性和针对性，也有利于岗位员工主动接受并自主使用。

（3）统一规范原则。为规范编制流程和有效推广应用，企业应根据自身的特点统一各岗位 HSE 培训矩阵的编制方法、流程和格式，以便于推广应用和矩阵的统一修订、维护。

（4）唯一有效原则。岗位职责不同，工作内容不同，上岗的基本要求也不同，因此培训内容也不尽相同。在编制培训矩阵时，要坚持分岗位编制，做到一个岗位一个矩阵。

二、HSE 培训矩阵编制依据

分输站岗位 HSE 培训矩阵要立足于员工能独立上岗的基本要求，在风险充分识别的基础上，主要以岗位职责、法律法规、规章制度和操作规程为编制依据。

（1）依据岗位职责。岗位职责规定了岗位员工应该"干什么"，HSE 培训矩阵规定了岗位员工因为"干什么"而需要"会什么"，所以编制基层岗位 HSE 培训矩阵，应紧密围绕岗位职责，充分考虑设计的项目是否为所在岗位需要进行的培训，是否为员工实际需要进行的培训，培训的深度是否与风险控制相匹配。在编制基层岗位 HSE 培训矩阵时应充分体现出专业、岗位的实际需求，做到"什么岗位培训什么内容"，以确保在满足员工现场操作、作业风险管控要求的前提下，减轻员工的培训负担。

(2)依据法律法规和规章制度。在编制培训矩阵过程中,要在收集、辨识现有法律法规、规章制度和标准规范的前提下,明确法律法规、规章制度对 HSE 培训内容、标准、方式方法的最高及个性要求,以及实施培训、接受培训的责任与义务规定和企业为满足法律法规要求制定的 HSE 方针、目标、理念及受控管理相关要求,确定法律法规、规章制度对员工 HSE 培训的最基本要求。

(3)依据操作规程。常规操作项目培训要与操作规程保持一致,要强化对操作步骤的风险分析。要围绕单独的操作项目,按照分解操作步骤、识别每个操作步骤存在的风险并进行评价,制定相应的防范消减措施和应急处置程序,确保风险识别覆盖到每一个区域、每一台设备、每一个操作环节。

(4)依据资源及要求。调查本企业、本单位培训制度、培训教材、操作规程、培训师资等培训资源以及员工培训愿望,充分利用和结合本企业现有培训资源,整合相关要求,最大限度降低 HSE 培训对正常生产工作的影响,作为培训矩阵编制的重要参考。

三、HSE 培训矩阵编制流程

根据 Q/SY 1519—2012《基层岗位 HSE 培训矩阵编写指南》的指导要求,基层岗位 HSE 培训矩阵的编制按照以下步骤进行:

(1)岗位需求调查:收集法律法规、标准规范、规章制度对培训的要求,岗位设置情况及企业对培训的要求,确定通用部分培训内容。

(2)划分管理单元:明确岗位管辖区域、设备设施、工艺流程及相关的作业活动。

(3)梳理操作项目:针对每个管理单元中所有操作项目进行梳理罗列。

(4)开展危害分析:分析每个操作项目中存在的风险和防控措施。

(5)设定培训内容:根据岗位职责,将每个操作项目与不同岗位相对应,并与通用部分培训项目共同形成不同岗位培训内容。

(6)设定培训要求:根据不同培训内容设定培训课时、培训周期、培训方式、培训效果和培训师资等培训要求。

(7)矩阵形成与发布:形成 HSE 培训矩阵并经过评审后发布执行。

基层岗位 HSE 培训矩阵编制流程如图 2-1 所示。

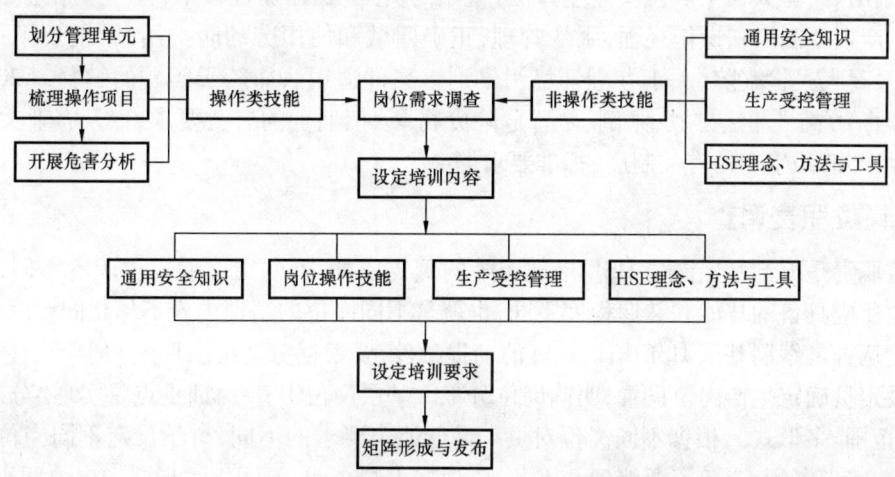

图 2-1 基层岗位 HSE 培训矩阵编制流程图

第二节 岗位需求调查

岗位培训需求是指为了满足特定岗位实际工作需要而应接受的培训内容。分输站岗位 HSE 培训矩阵建立前应进行岗位需求调查，确保所建立的矩阵符合有关要求和生产工作实际，确保实现按需培训。

一、法律法规、标准规范、规章制度调查

符合有关法律法规和上级要求，是开展基层 HSE 培训工作的前提，也是最基本的要求。在开展基层岗位 HSE 培训需求调查中，要首先对有关涉及员工 HSE 培训的法律法规、标准规范、规章制度进行调查，可由企业或单位企管法规部门组织实施，并将有关信息发布传递到基层站队，并确保法律法规的时效性和准确性，防止出现法律法规风险。

需要调查的法律法规、标准规范、规章制度应当包括但不限于以下方面：

(1) 国家、地方政府有关安全生产、环境保护、职业病防治的法律法规。
(2) 中国石油有关健康安全与环境和员工教育培训的规章制度、企业标准规范。
(3) 本企业有关健康安全与环境和员工教育培训的规章制度、标准规范。

开展有关法律法规、规章制度调查，应当先对涉及的 HSE 培训法律法规、规章制度进行收集，如《中华人民共和国安全生产法》《中华人民共和国劳动法》《中华人民共和国职业病防治法》《中央企业安全生产监督管理暂行办法》（国资委〔2008〕21 号令），以及集团公司《安全生产管理规定》（中油质安字〔2004〕672 号）、《中国石油天然气集团公司员工教育培训工作管理办法》（中油人事〔2016〕519 号）和《中国石油天然气集团公司安全培训管理办法》（人劳字〔2004〕163 号）、《HSE 培训管理规范》（中油人事〔2009〕35 号）和本企业有关规章制度。对收集的法律法规、规章制度进行辨识，找出对基层员工 HSE 培训有要求的条款，比较各法律法规、规章制度中对 HSE 培训内容、标准、方式方法的最高及个性要求，以及实施培训、接受培训的责任与义务的规定，确定有关法律法规、规章制度对员工 HSE 培训的最基本要求。如通过调查，识别出《中华人民共和国安全生产法》规定的员工"在作业过程中，应当严格遵守本单位的安全生产规章制度和操作规程，服从管理，正确佩戴和使用劳动防护用品"的要求；最高人民法院、最高人民检察院《关于办理环境污染刑事案件适用法律若干问题的解释》（2017 年 1 月 1 日施行）关于"非法排放、倾倒、处置危险废物"承担刑责的有关要求；以及企业关于分输站安全生产、清洁生产的有关制度、标准要求等。

二、岗位职责调查

岗位职责是编制基层岗位 HSE 培训矩阵的重要依据，不同岗位的岗位职责不同，决定了不同岗位所应具备的技能和掌握程度不同，也就是不同岗位的培训内容不尽相同。因此，开展岗位职责调查是编制基层 HSE 培训矩阵的前提条件，要根据劳动组织形式和生产工艺或施工作业以及定员确定生产岗位设置，明确岗位分工。基层岗位 HSE 培训重点是实现"分岗位、短课时、小范围、多形式"，根据不同岗位对员工最低能力要求的不同，科学设定不同岗位的培训内容，优化培训资源，避免资源浪费。因此，要根据不同企业、不同组织形式和岗位职责确定岗位设置。

三、培训现状调查

随着企业的发展和安全环保管理的不断提升，岗位 HSE 培训需求发生很大变化，但由于各企业专业不同、发展不平衡，HSE 培训资源、能力与需求存在一定的差异，因此在确定基层岗位 HSE 培训需求时，应根据需要在一定范围内，对以下有关 HSE 培训现状进行调查：

（1）调查企业安全环保对岗位员工 HSE 能力要求。统计分析企业总体或者阶段事故（事件）、违章发生数量、原因、规律，找出岗位员工 HSE 能力与事故（事件）、违章关联程度；开展交流、测试、评估，分析岗位员工 HSE 能力状况；研判企业发展和内外部环境变化，分析岗位员工现有 HSE 能力适应程度。通过调查分析，确认企业对岗位员工 HSE 能力有哪些要求。

（2）调查岗位员工接受 HSE 培训需求。以岗位员工为主要对象，从企业发展和安全环保的情况，以及员工个人发展愿景出发，调查了解岗位员工个人对 HSE 培训需求。

（3）调查现有 HSE 培训机制。以 HSE 培训政策、制度、责任、管理方式、培训方法等为重点，调查分析对 HSE 培训的影响，是否适应岗位员工 HSE 培训的需要。

（4）调查现有 HSE 培训资源。重点调查现有可用于 HSE 培训的场地、器械、教材、操作规程、师资等数量、质量，评估是否能够满足岗位员工 HSE 培训的需要。

（5）调查基层生产工作组织形式。以主体岗位为主，测算正常状态下可用于岗位员工 HSE 培训的时间、时段，分析 HSE 培训对岗位员工正常生产工作可能带来的最大影响。

培训现状调查可以采取观察、交流、问卷调查、测试，以及查阅有关违章和事故记录、绩效考核资料信息等方式方法进行，对调查结果进行分类统计汇总，以便分析。

四、培训内容调查

通过法律法规、标准规范、规章制度调查和岗位职责调查分析，确定岗位对员工能力要求，重点关注以下四个方面：

（1）通用安全知识。包括安全常识、安全标识、应急逃生、常见伤害疾病急救、事故案例等。

（2）岗位操作技能。包括员工所在岗位各项操作规程、操作风险、应急处置等。

（3）生产受控管理。包括作业许可、工作前安全分析、承包商管理等。

（4）HSE 理念、方法与工具。包括 HSE 管理原则、有感领导、直线责任、属地管理、行为安全观察与沟通等。

第三节　划分管理单元

管理单元是指由岗位员工负责管理、操作、维护并需要有操作规程进行指导操作的设备、设施、装置或相对独立的功能区域以及相关的生产作业活动。

一、基本要求

划分管理单元的目的是为了保证所有的设备设施、装置和工作区域都被识别，并纳入管理范畴，便于识别所有作业管理活动，并对识别出的管理操作活动进行操作项目梳理，辨识所有运行、维护、保养等活动中的风险，保证操作项目全覆盖、无遗漏，实现安全操作，风险可控。

二、分输站管理单元划分

(1) 按照工艺分区划分,分输站可以划分成如下管理单元,详见表2-1。

表2-1 分输站管理单元(按照工艺分区划分)

序号	管理单元	备注
1	进站区	
2	出站区	
3	分离区	
4	调压区	
5	计量区	
6	排污区	
7	放空区	
8	……	

(2) 按照设备设施划分,分输站可以划分成如下管理单元,详见表2-2。

表2-2 分输站管理单元(按照设备设施划分)

序号	管理单元	备注
1	工艺设备设施	
2	自控设备设施	
3	通信设备设施	
4	电气设备设施	
5	……	

(3) 按照相关作业活动划分,分输站可以划分成如下管理单元,详见表2-3。

表2-3 分输站管理单元(按照相关作业活动划分)

序号	管理单元	备注
1	运行监控	
2	交接班	
3	巡回检查	
4	正常工况操作(站启动、站关闭、收发球、比对流程、支路切换、ESD、排污、放空等)	
5	……	

由于相关作业活动的要求一直以来都体现在本站作业指导书中,所以本次管理单元划分不再考虑,而将本站作业指导书整体作为培训内容纳入培训矩阵。由于实际上各类设备设施分布在各个工艺分区,因此,在本次培训矩阵的制定中将按照具体的设备设施划分管理单元,见表2-4。

表 2-4 分输站管理单元

序号	管理单元	备注
1	球阀	
2	旋塞阀	
3	气液联动执行机构	
4	轨道式球阀	
5	RMG 系列自力式调压阀	
6	RMG711 翻板式紧急截断阀	
7	RMG 电动调压阀	
8	Mokveld 轴流式电动调压阀	
9	Mokveld 轴流式紧急截断阀	
10	Tartarini FL 系列自力式调压阀	
11	Tartarini BM5 型紧急截断阀	
12	过滤分离器	
13	Rotork IQ 系列电动执行机构	
14	Rotork 拨叉式气动执行机构	
15	Biffi 电动执行机构	
16	××水套炉	
17	Bettis 气动执行机构	
18	常压采暖锅炉	
19	承压采暖锅炉	
20	阀套式排污阀	
21	放空点火系统	
22	快开盲板	
23	平板闸阀	
24	清管指示器	
25	安全阀	
26	消防栓	
27	管道水平度测量	
28	站场放空与排污	
29	排污池	
30	工具使用	
31	气动注脂机	
32	热媒炉	
33	手动注脂枪	
34	消防泵	
35	旋风分离器	

续表

序号	管理单元	备注
36	移动脚手架	
37	移动式空压机	
38	移动式注醇泵装置	
39	站场 PDA 巡检系统	
40	站场设备设施刷漆	
41	蒸汽锅炉车	
42	制氮机组	
43	自用气橇	
44	固定式注醇泵装置	
45	管壳换热器	
46	管线保温层	
47	红外成像仪	
48	法兰	
49	地埋式污水处理系统	
50	超声波测厚仪	
51	测温仪	
52	PLC、RTU、DCS	
53	站控系统	
54	流量计算机	
55	在线色谱分析仪	
56	超声流量计	
57	涡轮流量计	
58	压力(差压)变送器	
59	压力(差压)表	
60	铂电阻	
61	双金属温度计	
62	温度变送器	
63	火灾报警系统(火灾报警控制器、烟感探测器、温感探测器等)	
64	调压控制器	
65	总线控制器	
66	ESD 系统	
67	液位计(液位变送器)	
68	远维设备	
69	路由器、交换机	
70	各类按钮	

续表

序号	管理单元	备注
71	接地电阻测试	
72	蓄电池组	
73	发电机	
74	高杆灯	
75	高压外电线路	
76	变压器	
77	变、配电室（低压配电柜的检查与相关操作）	
78	UPS	
79	双电源转换开关	
80	ZW27－12 型户外高压真空断路器	
81	Varlogic NR6、NR12 功率因数控制器	
82	10kV 跌落式保险	
83	FLUKE1625 型接地测试仪	
84	FLUKE155C 绝缘测试仪	
85	FLUKE80 系列数字万用表	
86	FLUKE362 钳形电流表	
87	ZC－7 型绝缘摇表	
88	验电器	
89	移动电缆盘	
90	电工护具（绝缘靴、绝缘手套、绝缘拉杆、高压声光验电器、接地线、安全带等）	
91	光传输设备	
92	语音交换设备	
93	工业监视系统	
94	IP 电话	
95	卫星设备	
96	手持对讲机	
97	防爆扩音系统	
98	智能周界报警系统	
99	视频系统	
100	无线路由器	
101	网络线缆	
102	防病毒软件	
103	防爆手机	

续表

序号	管理单元	备注
104	振动电缆	
105	流程切换、控制	
106	办公电脑	
107	传真机	
108	OA等办公系统	

三、注意事项

（1）管理单元要涵盖所有的设备、装置。要通过设备清查，建立设备设施统计表。

（2）管理单元要涵盖所有工作区域。将整个管理区域划分成不同类别的功能区域，同时确认每个功能区域内的设备、装置，汇总之后与设备、装置统计情况进行对照。

（3）管理单元要进行现场识别确认。管理单元清单建立后，基层站队应组织员工按照梳理的管理单元清单，进行现场确认，保证识别的管理单元符合实际、全面、无遗漏。

第四节 梳理操作项目

操作项目是指根据管理内容划分出的相对独立、完整，不存在重叠和交叉，需要辨识操作风险并能够实施控制的单项操作活动。

一、基本要求

梳理操作项目的目的是验证岗位操作是否覆盖了所有操作项目，以确保所有操作风险受控。每一个管理单元包含若干个操作项目，针对管理单元中涉及的操作，结合生产工艺和施工作业技术、条件以及环境特点，按照操作规程、设备设施修保制度以及风险控制和培训需要，把管理内容分解为独立的操作项目。

梳理操作项目应该遵循以下原则：

（1）保证操作项目的全面性。每个操作项目应当具有相应的操作规程，要满足操作前准备与检查、操作步骤、操作后检查和应急处置四个方面的要求。

（2）保证操作项目的独立性。按照工序节点、检维修部位（部件）、参数控制进行梳理，要满足每个管理内容中梳理的操作项目之间没有操作步骤的交叉和重叠。

二、操作项目梳理

在管理单元划分和管理内容确定的基础上，根据岗位技术、环境条件，对管理单元对应的管理内容进行操作项目的梳理分解，将岗位有条件、有能力实施的操作项目汇总形成操作项目清单。

针对每一个设备设施（管理单元），根据其操作规程中明确的常规操作、维护保养操作、故障维修（消缺维护）操作的具体要求确定具体的操作项目，见表2-5。

表 2–5 输气工岗位操作技能培训项目清单(部分)

序号	管理单元	操作项目	备注
1	球阀	开关操作	
		阀腔的放空和排污	
		外漏检查	
		内漏检查	
		限位检查	
		安装阶段限位调整	
		运行阶段限位调整	
		阀座润滑	
		变速箱润滑	
		注脂嘴更换	
		排污嘴更换	
		内漏处置	
		阀杆外漏处置	
		变速箱更换	
		中法兰外漏处置	
		过扭矩故障处置	
2	旋塞阀	开关操作	
		外漏检查	
		内漏检查	
		阀体润滑	
		变速箱润滑	
		安装阶段限位检查	
		运行阶段限位检查	
		阀门安装阶段限位调整	
		运行阶段限位调整	
		注脂嘴更换	
		内漏处置	
		变速箱更换	
		阀杆漏气处置	
3	气液联动执行机构	执行机构操作前的检查	
		执行机构的开关操作	
		Lineguard 电子控制单元的操作	
		执行机构功能测试	
		油位调整	
		限位检查和调整	

续表

序号	管理单元	操作项目	备注
3	气液联动执行机构	储油罐排污	
		旋翼执行器排污	
		提升阀气路控制块装置内滤芯的更换	
		执行机构远程控制电磁阀更换	
		电子控制单元内压力传感器的更换	
		电子控制单元内浪涌保护器更换	
…		……	
13	Rotork IQ 系列电动执行机构	就地控制的手动开关操作	
		就地控制的电动开关测试	
		远程控制开关操作	
		供电情况检查	
		限位检查及调整	
		执行机构输出扭矩调整	
		执行机构过扭矩处理	
…		……	
107	传真机	操作	
		维护	
108	OA 等办公系统使用	OA 等办公系统使用	

三、注意事项

在梳理操作项目过程中,不能"过粗"也不能"过细",要把握原则和尺度。

（1）不能将管理内容与操作项目混淆。因为一个单独的操作项目对应一个操作规程,如果将管理内容作为操作项目,势必造成培训内容过大而产生"大课堂"现象,不利于员工理解和掌握。

（2）不能将操作项目与操作步骤混淆。一个操作项目包含多个操作步骤,将操作步骤作为操作项目,势必造成培训内容过小而使培训矩阵过于"臃肿"。例如制作阀门法兰垫片是更换法兰连接阀门的一个操作步骤,不能作为一个单独的操作项目加以确定。

第五节　开展危害分析

对每个操作项目开展危害因素辨识,目的是明确操作项目存在的风险,为设定培训要求、编制培训课件、完善操作规程提供支持。

一、危害分析的基本方法

在开展危害分析时,要确保风险识别覆盖每个操作步骤,辨识操作前、操作中、操作后的风险,纳入岗位培训需求,为岗位培训矩阵应用奠定基础。危害分析可以采用工作前安全分析

(JSA)、安全检查表(SCL)、故障树分析(FTA)和事件树分析(ETA)等。

(1)将操作项目划分成具体的操作步骤。组织员工参照操作规程、工艺流程、生产参数、设备说明等,对操作项目进行操作步骤分解,具体到开关阀门、检测仪表、拆卸法兰等操作节点。

(2)对每个操作步骤中存在的危害因素进行辨识和评价。识别每个操作步骤中可能存在的不安全行为和不安全状态,并利用经验法进行风险评价,制定风险控制措施。

(3)完善操作规程和应急处置程序。根据工作前安全分析结果,对照现有的管理程序,制修订操作规程和应急处置程序。

二、操作项目主要风险分析

以 Rotork IQ 系列电动执行机构就地控制的手动开关操作项目为例,开展主要风险分析,见表 2-6。

表 2-6 Rotork IQ 系列电动执行机构就地控制的手动开关操作风险分析

序号	基本作业步骤		存在隐患	安全控制措施
1	操作前的检查	确认执行机构动力电源供电正常	电源供电状态判断失误	现场观察与站控机状态共同确认
2		确认执行机构液晶显示屏黄色背景灯和阀位指示灯亮		
3		确认执行机构显示屏上可以看到阀门开启的百分数或行程末端的符号	阀门开关状态误判断	现场观察与站控机状态共同确认
4		确认执行机构处于停止状态	阀门开关状态误判断	现场观察与站控机状态共同确认
5	开关操作	逆时针操作手动/自动离合器操作杆一次,将离合器保持在啮合状态	(1)机械伤害。(2)误操作导致天然气泄漏	(1)穿戴好劳动防护用品。(2)消除火源,按照操作规程操作(例如:开关操作前确认下游管线无打开作业,本执行器所带动的如果是球阀,则排污嘴必须关闭等)
6		开阀时逆时针方向旋转手轮,关阀时顺时针方向旋转手轮		
7		如果开关操作过程中发现故障,则进行处理		
8		开关操作完毕后恢复阀门状态		
9	操作后确认	开关操作完毕后恢复工艺流程	流程恢复不正确,影响正常生产	操作前记录生产流程,恢复后进行对比确认
10		确认工艺流程正确,阀门状态正确		
11		确认需要记录的数据已记录齐全		

三、危害分析结果应用

危害分析是合理、规范编制 HSE 培训矩阵的重要工作环节,其结果不仅能够为编制和应用矩阵提供依据,而且也是强化 HSE 基础管理工作、推动岗位职责履行的关键性工作。

(1)完善操作规程。把危害分析结果与基层现有操作规程进行比对,能够检验操作规程是否覆盖所有操作活动，内容是否符合要求，是否能够做到定量可操作。

（2）规范HSE检查表。在危害辨识和评估的基础上，依据国家、行业和企业标准，能够进一步规范现场HSE检查表，明确规定出设备设施完整性标准和检查责任、频次及方法。

（3）强化应急处置卡的针对性和操作性。根据对异常和紧急情况的风险分析，能够有效查找出基层岗位应急处置卡在管理环节、技术措施上的不足，并有针对性地加以完善，从而增强应急处置卡的操作性。

（4）进一步明确岗位培训需求。基于风险分析基础上的管理单元划分会更合理，风险防控的重点会更突出，因此针对不同岗位的培训需求将更精准，能够真正做到"缺什么补什么"。

四、注意事项

（1）要确保风险识别覆盖每一个操作步骤。基层单位应成立危害因素辨识与评价小组，组织员工开展工作前安全分析活动，通过查阅操作规程、作业指导书、"三违"记录、相关事故（事件）分析报告、现场观察等方式，对每个操作步骤可能存在的危害因素进行识别和确认。

（2）要强化风险告知与经验分享。根据风险评价的结果，对照操作规程进行有效性分析，对管理方案、现场检查表、教育培训、监督检查等进行补充完善。充分利用班前会、交接班等时机，组织员工分享风险内容，使岗位风险入脑入心。危害因素识别的过程本身就是一个行之有效的培训方式。

第六节　设定培训内容

培训内容是HSE培训矩阵的核心，应根据分输站实际情况及岗位设置，通过开展岗位需求调查分析进行确定。培训内容是为了满足特定岗位的实际工作需要而应接受的培训项目。

一、培训内容的分类

基层岗位HSE培训的目的就是提升岗位员工风险控制能力，使其能够运用有效的HSE管理工具和方法辨识风险，运用法律法规、规章制度、标准规范要求在生产生活中控制风险。因此，岗位员工应该在以下4个方面确定培训内容：

（1）通用安全知识。
（2）本岗位操作技能。
（3）生产受控管理流程。
（4）HSE理念、方法与工具。

二、岗位培训内容确定

1. 通用安全知识培训内容的确定

通用安全知识培训是基层岗位HSE培训矩阵的通用培训项目，培训的目的是让每位员工都要了解或掌握与生产生活密切相关的HSE相关法律法规、基础知识等。通用安全知识包括但不限于以下内容：

（1）HSE相关法律法规。
（2）天然气基础知识。

(3)个人劳动防护。
(4)紧急救护。
(5)安全用电常识。
(6)防火防爆。

以输气工岗位为例,每个岗位都应进行的通用安全知识培训项目见表2-7。

表2-7 某分输站输气工岗位通用 HSE 知识培训项目统计表

序号	通用安全知识培训项目
1	中华人民共和国安全生产法
2	中华人民共和国管道保护法
3	中华人民共和国消防法
4	中华人民共和国道路交通安全法
5	中华人民共和国劳动法
6	中华人民共和国职业病防治法
7	中华人民共和国环境保护法
8	特种设备安全法及特种设备安全监察条例
9	空气呼吸器的使用
10	灭火器的使用
11	气体检测(包括气体检测仪的使用)
12	紧急救护
13	防御性驾驶(针对有驾照的人)
14	个人劳动防护
15	办公室安全(一般用电、防滑、绊摔、事故汇报与调查、交通安全、消防、应急响应与撤离等)
16	电气安全
17	脚手架安全
18	梯子的使用与安全
19	手动电动工具安全
20	叉车使用安全(压气站、分输站、储气库、维抢修队)
21	搬运作业安全
22	天然气基础知识
23	防火防爆
24	危害因素识别与风险评价
25	危险化学品管理
26	硫化氢防护

2. 本岗位操作技能培训内容的确定

岗位基本操作技能是基层岗位 HSE 培训矩阵的个性化部分,是针对某一岗位涉及的操作而需要培训的项目,培训的重点是操作过程中的危害因素辨识和风险控制方法、操作技术要求和应急处置程序。基本操作技能培训项目应当根据不同岗位、不同操作项目确定。例如分输站有两个岗位,即站长(副站长)、输气工。根据分输站生产运行实际情况,站长(副站长)和输气工岗位员工均涉及表2-5中所有操作项目,因此这两个岗位的操作技能培训内容就要依照表2-5来确定。

同时,为了有助于员工掌握设备设施操作过程中的风险,还须对该设备设施的结构及工作原理有所了解,因此在培训矩阵中确定操作技能培训内容时应加入"结构及工作原理"部分。

3. 生产受控管理培训内容的确定

生产受控管理流程是基层岗位员工应当了解或掌握的内容,是根据受控管理需要培训的项目,目的是让岗位员工了解企业有关受控管理要求,掌握本岗位涉及的受控管理内容和管理制度,并应用到HSE管理中。生产受控管理培训项目主要包括:

(1)作业许可管理(包括进入受限空间作业、挖掘作业、动火作业、高处作业、临时用电、吊装作业和管线打开等)。
(2)设备设施安全管理。
(3)变更管理。
(4)能源隔离。
(5)承包商安全管理等。

以输气工岗位为例,生产受控管理培训内容见表2-8。

表2-8 输气工岗位生产受控管理培训内容(部分)

序号	培训内容	备注
1	作业指导书(处、站两级)	
2	行为安全管理	
3	作业许可管理	
4	承包商安全管理	
5	消防安全管理	
6	环境保护(三废排放管理)	
7	作业场所职业危害(含野外)与职业健康管理	
8	事故管理	
9	能源隔离	
10	热工作业	
11	受限空间	
12	高空作业	
13	挖掘作业	
14	吊装作业	

4. HSE理念、方法与工具培训内容的确定

HSE理念、方法与工具是根据企业HSE体系建设推进需要而设定的培训项目,通过培训使岗位员工了解国家、行业、企业有关HSE要求,熟悉并能够应用HSE管理方法与工具开展

日常 HSE 管理工作。HSE 理念、方法与工具培训项目主要包括但不限于以下内容：

（1）属地管理。
（2）行为安全观察与沟通。
（3）目视化管理。
（4）工作前安全分析。
（5）工作循环分析等。

以输气工岗位为例，HSE 理念、方法与工具培训内容见表 2-9。

表 2-9 输气工岗位 HSE 理念、方法与工具培训内容

序号	培训内容	备注
1	HSE 管理体系	
2	如何落实岗位责任制（有感领导、直线责任、属地管理）	
3	目视化管理	
4	HSE 培训管理	
5	行为安全观察和沟通	
6	作业安全分析	
7	事故调查与原因分析	
8	工作循环分析	

三、注意事项

（1）培训内容应和岗位职责相对应。在全面梳理岗位职责的前提下，操作项目是本岗位能够履行岗位职责而必须具备的操作技能，在初始阶段，应尽量避免提高岗位技能水平的需求。

（2）培训内容的范围不宜过宽。本岗位操作技能部分只针对本岗位涉及的操作项目即可，不搞大而全。通用安全知识、生产受控管理流程以及 HSE 理念、方法与工具的培训内容要切合操作岗位员工的实际，将最基本的与岗位密切相关的理念、知识和有关法律、规章的条款进行培训即可。

（3）要加强与岗位员工的沟通。不同企业管理机制不同，岗位操作项目和技能水平要求也有所不同，因此要与员工进行沟通或以工作写实的方式对岗位操作项目进行确认，确保符合管理实际。

第七节　设定培训要求

培训要求是指为实施培训设定的方法及资源，对规范实施培训具有重要的指导作用。

一、基本要求

培训要求是确保培训有效实施的保障，要明确需要培训多长时间、多长时间再培训一次、采取什么方式、达到的预期效果、由谁实施培训等，是对基层岗位员工培训的基本要求。包括

培训课时、培训周期、培训方式、培训效果和培训师资5个方面。

二、培训要求设定

1. 培训课时

HSE培训课时是指针对某一培训项目需要的授课时间,要根据培训内容多少、接受难易程度、需要达到的效果等确定,但原则上单项操作项目培训不超过30min。

以分输站为例,每个岗位的单项培训课时确定见表2-10。

表2-10 某分输站各岗位员工HSE培训课时确定汇总表(部分)

序号	培训项目	正副站长	输气工
1	通用安全知识		
…	……	…	…
1.15	梯子的使用与安全	0.5	0.5
1.16	手动电动工具安全	0.5	0.5
…	……	…	…
2	本岗位操作技能		
2.1	球阀操作维护		
2.1.1	结构及工作原理	0.25	0.25
2.1.2	开关操作	0.25	0.25
2.1.3	阀腔的放空和排污	0.25	0.25
3	生产受控管理		
3.33	作业许可管理	2	2
3.34	承包商安全管理	2	2
…	……	…	…
4	HSE理念、方法与工具		
4.1	HSE管理体系	2	2
4.2	如何落实岗位责任制(有感领导、直线责任、属地管理)	3	3
…	……	…	…

注:培训课时单位为小时(h)。

2. 培训周期

HSE培训周期是指同一内容两次培训的间隔时间。HSE培训周期的确定,可在国家、行业、企业有关规定范围内,结合员工知识更新速度等实际,按照下列基本原则确定:

(1)所有培训项目最长培训周期不超过3年。如无特殊要求的操作技能培训,培训周期可确定为3年,但不能超过3年。

(2)一般需要员工达到"了解"和"掌握"的培训项目,培训周期可不小于1年,不超过

3年。

(3)事故案例等需要随时进行的培训项目应当不确定周期。

(4)新入厂、调换工种、转岗、复工等岗位员工HSE培训,或者因规章制度、设备设施、工艺技术等变更应当进行的HSE培训,以及其他专项培训,可不受周期限制。

以分输站为例,每个岗位的单项培训周期确定见表2-11。

表2-11 某分输站各岗位员工HSE培训周期确定汇总表(部分)

序号	培训项目	正副站长	输气工
1	通用安全知识		
…	……	……	……
1.15	梯子的使用与安全	3年	3年
1.16	手动电动工具安全	3年	3年
…	……	……	……
2	本岗位操作技能		
2.1	球阀操作维护		
2.1.1	结构及工作原理	3年	3年
2.1.2	开关操作	3年	3年
2.1.3	阀腔的放空和排污	3年	3年
3	生产受控管理		
3.33	作业许可管理	2年	2年
3.34	承包商安全管理	3年	3年
…	……	……	……
4	HSE理念、方法与工具		
4.1	HSE管理体系	3年	3年
4.2	如何落实岗位责任制(有感领导、直线责任、属地管理)	3年	3年
…	……	……	……

3.培训方式

HSE培训方式是指根据不同的培训项目、培训效果、培训对象可采取的培训手段或形式,主要有课堂、现场、会议(包括自学、告知、网络培训)等形式,针对一些特殊培训项目或条件较特殊的对象也可以不限定具体的培训形式。HSE培训方式可按照下列基本原则确定:

(1)需要动手操作的项目,以实际操作培训为主,课堂讲授与现场演练相结合。

(2)属于理念、理论性的内容,以课堂授课或会议告知为主。

(3)不限定员工自学。

以分输站为例,每个岗位的单项培训方式确定见表2-12。

表2–12　某分输站各岗位员工HSE培训方式确定汇总表(部分)

序号	培训项目	正副站长	输气工
1	通用安全知识		
…	……	……	……
1.15	梯子的使用与安全	课堂培训	课堂培训
1.16	手动电动工具安全	课堂培训	课堂培训
…	……	……	……
2	本岗位操作技能		
2.1	球阀操作维护		
2.1.1	结构及工作原理	自学	课堂培训
2.1.2	开关操作	自学	实操培训
2.1.3	阀腔的放空和排污	自学	实操培训
3	生产受控管理		
3.33	作业许可管理	自学	自学
3.34	承包商安全管理	自学	自学
…	……	……	……
4	HSE理念、方法与工具		
4.1	HSE管理体系	自学	自学
4.2	如何落实岗位责任制(有感领导、直线责任、属地管理)	自学	自学
…	……	……	……

4. 培训效果

HSE培训效果是指员工经过培训后,希望或者要求达到的目标,一般分为"了解""掌握"两个层次。HSE培训效果可按照以下基本原则确定:

(1)属于理念性或本项操作项目不需要由本岗位员工独立完成,只是需要配合的,培训效果要求达到"了解"。

(2)本项操作项目需要由本岗位员工独立完成的,培训效果必须达到"掌握"。

以分输站为例,每个岗位的单项培训效果确定见表2–13。

表2–13　某分输站各岗位员工HSE培训效果确定汇总表(部分)

序号	培训项目	正副站长	输气工
1	通用安全知识		
…	……	……	……
1.15	梯子的使用与安全	掌握	掌握
1.16	手动电动工具安全	掌握	掌握
…	……	……	……
2	本岗位操作技能		
2.1	球阀操作维护		

续表

序号	培训项目	正副站长	输气工
2.1.1	结构及工作原理	掌握	掌握
2.1.2	开关操作	掌握	掌握
2.1.3	阀腔的放空和排污	掌握	掌握
3	生产受控管理		
3.33	作业许可管理	掌握	掌握
3.34	承包商安全管理	掌握	掌握
…	……		
4	HSE 理念、方法与工具		
4.1	HSE 管理体系	掌握	了解
4.2	如何落实岗位责任制(有感领导、直线责任、属地管理)	了解	了解
…	……	……	

5. 培训师资

培训师资是指能够满足某一培训项目需要的培训师。培训师资确定的基本原则:

(1)除特种作业岗位员工取证培训以外,其他岗位员工培训按照直线责任,由班组长或站队长等管理人员培训。

(2)班组长或站队长等不具备相应能力的由其他培训师授课。

(3)对特种作业岗位员工培训的培训师,应当具有相同的特种作业资质。

以分输站为例,每个岗位的单项培训师资确定见表2–14。

表2–14 某分输站岗位员工 HSE 培训师资确定汇总表(部分)

序号	培训项目	正副站长	输气工
1	通用安全知识		
…	……	……	……
1.15	梯子的使用与安全	安监站培训师	直线领导或其他培训师
1.16	手动电动工具安全	安监站培训师	直线领导或其他培训师
…	……	……	……
2	本岗位操作技能		
2.1	球阀操作维护		
2.1.1	结构及工作原理		直线领导或其他培训师
2.1.2	开关操作		直线领导或其他培训师
2.1.3	阀腔的放空和排污		直线领导或其他培训师
3	生产受控管理		
3.33	作业许可管理		
3.34	承包商安全管理		

续表

序号	培训项目	正副站长	输气工
…	……	……	……
4	HSE 理念、方法与工具		
4.1	HSE 管理体系		
4.2	如何落实岗位责任制(有感领导、直线责任、属地管理)		
…	……	……	……

三、注意事项

不同岗位培训要求设定不尽相同,应根据培训内容难易程度、风险大小、管理现状、能力期望以及其他情况综合分析,合理确定,不能一概而论。同时,也要在实际培训过程中根据实际情况予以调整。

第八节 矩阵形成与发布

基层岗位 HSE 培训矩阵应根据确定的培训项目和要求编制形成,经过审批并发布、备案。

一、培训矩阵形成

(1)建立岗位培训矩阵框架。

通过开展划分管理单元,梳理操作项目,开展危害分析,明确岗位需求,确定培训内容,设定培训要求,满足编制基层岗位 HSE 培训矩阵所需条件。

纵向上为培训内容,横向上为培训要求,建立基层岗位 HSE 培训矩阵框架,见表 2-15。

表 2-15 基层岗位 HSE 培训矩阵框架

序号	培训项目	培训要求					备注
		培训课时	培训周期	培训方式	培训效果	培训师资	

(2)依次填写"培训项目"和"培训要求"信息。

(3)逐项核对培训矩阵和培训项目、培训要求,确认与基层 HSE 培训基本需求调查分析相吻合,形成单个岗位 HSE 培训矩阵,见表 2-16。

表 2-16 输气工 HSE 培训矩阵(部分)

编号	培训内容	培训课时	培训周期	培训方式	培训效果	培训师资
1	通用 HSE 知识					
1.1	中华人民共和国安全生产法	2	3 年	自学	掌握	
1.2	中华人民共和国管道保护法	1	1 年	自学	掌握	
1.3	中华人民共和国消防法	1	3 年	自学	了解	
1.4	中华人民共和国道路交通安全法	1	3 年	自学	了解	

续表

编号	培训内容	培训课时	培训周期	培训方式	培训效果	培训师资
1.5	中华人民共和国劳动法	1	3年	自学	了解	
1.6	中华人民共和国职业病防治法	1	3年	自学	了解	
1.7	中华人民共和国环境保护法	1	3年	自学	了解	
1.8	特种设备安全法及特种设备安全监察条例	2	3年	自学	了解	
1.9	空气呼吸器的使用	1.5	1年	实操培训	掌握	直线领导或其他培训师
1.10	灭火器的使用	1.5	1年	实操培训	掌握	直线领导或其他培训师
1.11	气体检测(包括气体检测仪的使用)	2.5	2年	实操培训	掌握	直线领导或其他培训师
1.12	紧急救护	3	2年	课堂+实操培训	掌握	直线领导或其他培训师
1.13	防御性驾驶(针对有驾照的人)	2	2年	课堂培训	掌握	直线领导或其他培训师
1.14	个人劳动防护	2	3年	课堂培训	掌握	直线领导或其他培训师
1.15	办公室安全	2	3年	课堂培训	掌握	直线领导或其他培训师
1.16	电气安全	3	3年	课堂培训	掌握	直线领导或其他培训师
1.17	脚手架安全	1	3年	课堂培训	掌握	直线领导或其他培训师
1.18	梯子的使用与安全	0.5	3年	课堂培训	掌握	直线领导或其他培训师
1.19	手动电动工具安全	0.5	3年	课堂培训	掌握	直线领导或其他培训师
1.20	叉车使用安全	0.5	2年	课堂培训	掌握	直线领导或其他培训师
1.21	搬运作业安全	1	3年	课堂培训	掌握	直线领导或其他培训师
1.22	天然气基础知识	1	3年	课堂培训	掌握	直线领导或其他培训师
…	……	……	……	……	……	……

注：培训课时单位为小时(h)。

(4)汇总形成分输站所有岗位HSE培训矩阵总表。见附录1和附录2。

二、培训矩阵评审、发布与备案

1. 培训矩阵评审

由于基层岗位HSE培训矩阵直接关系到岗位员工的能力需要、培训项目和培训要求，具有重要的权威性、指导性，已编制完成的HSE培训矩阵应当经过相应的评审和审批。HSE培训矩阵审批应当坚持"谁应用谁评审，谁主管谁审批"的原则。HSE培训矩阵编制完成后，应当由编制组组织基层站队管理人员、相关的岗位员工进行评审，征求意见和建议，通过评审后报有关专业部门审查确认，报主管培训部门批准。负责审查、批准的部门应当认真审批，对HSE培训矩阵的审批负责。

2. 培训矩阵发布

作为基层岗位HSE培训的重要规范，经过批准的HSE培训矩阵应当在本单位范围内发布，印制成文件发放到相关岗位员工、基层站队、有关部门和领导手中，或者通过网络传递等方式告知。基层站队应当对岗位员工了解掌握本岗位 HSE 培训矩阵情况进行验证,确保岗位员工人人掌握本岗位的 HSE 培训矩阵。

3. 培训矩阵备案

基层岗位 HSE 培训矩阵与其他文件一样需要查阅、追踪,做好 HSE 培训矩阵的备案工作,有助于 HSE 培训矩阵的管理应用。已发布的 HSE 培训矩阵,应当报培训主管部门和安全管理部门备案,按照受控文件进行登记、存档。

三、培训矩阵维护

随着工艺技术的不断进步,设备设施的不断更新,以及员工构成、素质的不断变化,有关法律法规、标准规范等要求不断提高,需要控制的风险也在不断变化,HSE 培训需求同样在发生变化,因此应当根据这些变化及时调整 HSE 培训矩阵,使其始终能够满足风险控制的需要,保持 HSE 培训矩阵的适用性、有效性。

HSE 培训矩阵原则上一般 3 年维护优化一次,出现以下情况应及时进行更新:

(1)组织机构和岗位职责变更。

(2)法律法规、标准规范变更。

(3)设备设施发生变更。

(4)新技术、新工艺、新材料、新设备应用之前。

(5)发生事故事件后,对矩阵项目的合理性、完整性进行评价。

(6)其他情况需要更新的。

第三章 培训课件编制

HSE培训课件是基层岗位员工HSE培训工作实施的重要载体,是HSE培训矩阵要求的培训内容的具体展现。针对分输站的各项操作项目存在高压、易燃易爆等风险的特点,将分输站操作员工生产区域、生活区域涉及的安全环保知识、存在的风险及技术要求等,以直观、形象、具体的课件表现形式呈现出来,更加有利于操作员工了解HSE理念知识,明晰操作风险,掌握岗位必备的安全操作技能和应急处置措施,帮助基层操作员工持续提升HSE风险识别和操作控制能力。

第一节 编制基本要求

一、培训课件编制原则

(1)有据可依,突出风险。培训课件作为培训矩阵编制与应用的重要组成部分,是员工理解HSE培训矩阵和操作规程的重要理论支撑。培训课件内容的选取应符合基层岗位员工操作实际,围绕岗位管控要求,以规章制度、操作规程等为依据,按管理流程、操作步骤分析危害与风险,评估危害后果,明确防控措施和应急处置要求,让员工懂得如何识别风险、评估风险、控制风险,实现安全操作。

(2)文字简明,直观生动。HSE培训课件的使用对象是基层岗位员工,课件内容的表现方式应避免大量文字堆砌,宜用简洁易懂的文字、形象直观的图片或视频、发人深省的典型案例展现管理要求、操作规范及相应风险,切忌简单复制法律法规、制度标准条文的编制方式。文字描述避免生僻晦涩的技术标准用语、名词术语或英文缩写,应尽可能符合员工生产作业活动中常用的语言习惯,文字表达简明通俗,风险提示和应急处置要求突出醒目,确保课件的直观性。

(3)编审结合,实用有效。作为基层岗位HSE培训矩阵的实施载体,HSE培训课件在编制过程中要本着"接地气"的原则,吸纳基层岗位员工、操作骨干参与,通过集合多方面的编制意见,形成课件初稿。并由对口的职能部门进行评审,根据反馈意见再次进行编制,最终形成课件定稿,实现编制与评审同步进行,保证课件编制质量。课件编制应针对培训对象梳理岗位涉及的HSE规范、操作技能、管控流程和理念知识,体现岗位活动的特点,符合岗位操作实际,充分结合案例分享和典型示范,用员工的话、员工的事培训员工,确保课件的实用性。

二、培训课件编制流程

课件编制主要包括课件设计、课件素材准备、课件制作、课件评审和课件发布五个环节。

1. 课件设计

课件编制人根据基层岗位员工HSE培训矩阵中的培训项目,分析该岗位的属地管理职责,梳理岗位操作使用的操作规程、应急预案等作业文件,明确正确履责所需的安全环保知识与操作技能要求,设定该培训项目的培训目标,理清培训思路,依据培训对象有针对性地确定培训内容和培训重点,建立该课件的培训大纲。示例见表3-1。

表3-1 课件编制大纲

\multicolumn{2}{c}{"更换压力表操作"课件编制大纲}	
培训目的	(1)掌握更换压力表的操作技能; (2)规范操作、识别风险、预防事故
培训内容	(1)选择压力表的方法; (2)更换压力表的技术要求; (3)操作步骤及风险防控; (4)操作要点; (5)应急处理
编制人	李××
参考资料	(1)更换压力表操作规程; (2)更换压力表危害因素辨识

2. 课件素材准备

课件编制人依据课件编制大纲的培训要点,收集、制作课件内容编制的基本素材。法规和标准、知识类书籍、规章制度和典型案例是制作通用安全知识类、生产受控流程管理类和HSE管理方法类课件的素材支撑;操作规程、应急预案、应急处置卡、审核检查发现问题通报和事故事件案例是制作岗位操作技能类培训课件的主要素材。针对生产一线操作员工对培训信息的感知特点,力求HSE培训课件的表现形式直观、形象、具体,需要课件编制人在准备阶段,制作相当数量的生产现场和操作示范的图片、动画或视频,课件内容化繁为简,将关键理念、操作技巧、HSE风险和工作实践用通俗易懂的文字、形象直观的图表呈现,提升培训信息传递的冲击力。素材准备应紧密围绕培训对象岗位风险防控的知识与技能要求,不应随意扩展培训内容或提升培训深度,特别要注意避免将机关管理人员和专业技术人员的培训内容延伸到操作员工的培训课件中,以确保培训内容的针对性和指导性。

3. 课件制作

1)课件总体框架

HSE培训课件一般由五个部分组成,分别是课件封面、安全经验分享、培训目的、培训主体内容、讨论总结。课件总体框架及各部分主要作用,如图3-1所示。

2)课件版式要求

HSE培训课件以PowerPoint制作的多媒体课件为主,也可采用视频课件、仿真装置操作手册等多种形式。本书主要对多媒体课件的版式做总体要求。

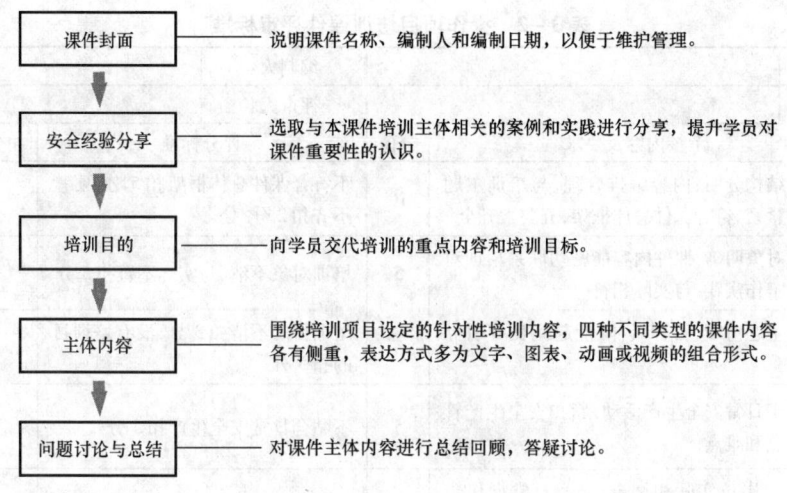

图 3-1 课件总体框架图

企业应结合各自安全文化建设中视觉形象设计的总体要求,尽可能使用统一的多媒体课件模板。课件背景宜使用白色版面,字体颜色应以黑色为主,重点内容可使用红色、艳蓝色等字体或采用字体加粗、倾斜等方式予以强调。背景和字体颜色不可过多(一般不超过三种),通篇字体、字型、颜色等整体风格应保持一致。

版面设置应遵循以下原则:
(1)版面简洁、明快,每张版面表达单一主题。
(2)版面使用约占 2/3 比较合理。
(3)版面上下、左右力求保持平衡。
(4)文字尽量使用要点式(条列式)。
(5)每张投影插图片(表)最好不超过 2 张。

为了突出授课内容主体观点,增强授课效果,应合理利用图形表格,避免单一的文字罗列。课件引用的照片要突出主题,能够说明问题,正面事例图片内不能存在违章现象,凡是涉及公司新项目、新技术、新工艺、新材料等具有保密要求的,未经批准不能引用;引用的反面事例图片要对单位名称和个人名称及肖像进行隐蔽处理。

4. 课件评审

课件编制人完成培训课件制作后,为确保课件制作质量,由牵头负责人组织课件试用评审。经过专业初步审查后,将课件分发到基层站队进行试讲。试用评审的重点要关注课件内容的准确性、培训对象的适用性、课件表现形式的可感知性。课件编制人根据 HSE 培训师反馈的意见修订完善后,提交对口专业部门做最后审查。课件审查标准可参考表 3-2。

5. 正式发布

各单位培训管理部门应负责 HSE 培训课件的统一发布,发布途径可通过印发教材、单行手册或网络培训信息系统等方式。培训管理部门应根据基层岗位员工 HSE 培训矩阵设计的课程目录,建立培训课件库,对课件建立目录、进行编号,便于检索和受控管理,确保使用者获取的培训课件均为有效版本。

表 3-2　操作项目培训课件评审标准

课件名称：			编制人：			
评审日期：			评审人：			
项目	考核内容及要求	分值	评分标准	扣分	得分	备注
课件结构	课件结构分明、内容编排合理，与培训主题结合紧密，符合课件总体框架，五要素齐全	10	不符合课件总体框架扣5分，要素不齐扣2分/处			
课件目标	培训对象明确，课件内容能密切联系培训对象的工作实践，与实际相符	5	培训对象不清、与实际不符扣5分			
	课件主题清晰，目标具体，能起到良好引导作用	5	培训目的不清扣3分，没有培训目的扣5分			
风险防控	取材于日常安全生产活动，紧扣安全生产管理重点和难点	5	不贴合日常安全生产扣5分			
	与员工岗位实际相结合，分解日常操作步骤，作出正确风险提示，落实合理控制措施，提升员工安全防控意识和技能	10	风险提示有误扣2分/处，控制措施不全扣2分/处			
课件规范	符合法律法规、国家和行业标准规范，遵从操作规程、操作卡等技术性资料和相关要求，符合常识，无科学性错误	10	不符合法律法规要求、国家和行业标准规范或未遵从操作规程、操作卡等扣5分/处，出现两处，课件则不予通过			
	用语规范标准，符合行业术语；语言描述准确，语句结构清晰，标点符号使用规范	2	标点符号乱用、语句结构混乱、意思表达不清扣0.5分/处			
课件内容	课件素材准备充分，能提供相应背景信息、相关数据等，帮助培训对象理解和掌握	3	课件背景信息含糊、数据虚假扣1分/处			
	课件案例讲求实证，案例选择具有典型性、代表性，能满足教学目标要求	10	案例不具有代表性扣5分，案例不真实扣10分			
	内容完整、严谨，表述准确、深入浅出、融会贯通	10	内容不严谨完整，表述错误扣5分/处；出现错别字扣2分/处			
	内容层次分明，逻辑顺畅，凸显关键知识点，重点内容分配时间合理	10	重点内容未突出扣5分，层次混乱、逻辑不清扣10分			
版面效果	版面设计简洁明快，布局合理，便于演示放映	5	版面不简洁扣2分，每张版面未表达单一主题扣3分			
	字体格式符合要求，色彩搭配合理协调、风格统一	10	课件中标题未按照顺序使用序号扣2分；正文字体未保持一致扣1分；背景和字体颜色过多扣2分；整体风格不一致扣1分			
	插图与内容相符，图片清晰	5	插图与内容不符扣5分；插图不清晰扣2分；使用违章图片扣5分			
合　计		100				
评审意见：						

注：评分低于80分则表示课件未能达到要求，不予通过。

三、培训课件组织保障

1. 明确编写责任

明确课件编写职责是落实 HSE 培训课件制作工作的基础,要保证培训课件与基层岗位的 HSE 培训矩阵能够配套实施。编写过程中,推行编写责任落实,通过分工负责的原则,形成具体工作具体抓,专项工作有人管的工作格局,为 HSE 培训课件的制作提供强有力的制度保障。

2. 制定编写方案

各单位应明确课件开发任务,分解落实编写人员,设定课件编制、评审和验收的时间节点,形成课件开发的工作方案并督导执行。见表 3-3。

表 3-3　输气工 HSE 培训课件开发工作任务表

编号	课件名称	编制负责人	培训课时	完成时间	审核时间	评审专业部门	备注
1	脚手架安全	李××	0.5	××年××月	××年××月	安全环保监督站	
2	梯子的使用与安全	安××	0.5×2	××年××月	××年××月	安全环保监督站	
……	……	……	……	……	……	……	
30	球阀操作维护	安××	0.5×2	××年××月	××年××月	生产科	
31	旋塞阀操作维护	李××	0.5×2	××年××月	××年××月	生产科	
……	……	……	……	……	……	……	
45	作业许可管理	李××	0.5×5	××年××月	××年××月	安全环保监督站	
46	职业健康管理	安××	0.25	××年××月	××年××月	安全环保监督站	
……	……	……	……	……	……	……	
86	属地管理	宋××	0.5	××年××月	××年××月	安全环保监督站	
87	工作循环分析(JCA)	李××	0.5	××年××月	××年××月	安全环保监督站	

注:培训课时单位为小时(h)。

3. 提供资源保障

主要包括人力资源、技术资源、硬件资源和时间保障等。

(1)人力资源:由各单位分管培训或 HSE 管理的领导牵头负责,各相关部门人员与基层单位的技术人员、技能专家、高级技师、技师、站队长、有现场丰富经验的操作员工共同参与课件开发工作。

(2)技术资源:各基层单位的工艺和技术既有共性又有个性,培训管理部门应做好统筹协调,对共性项目做好技术共享,对个性项目落实到对口的基层单位提供技术资源支持。

(3)硬件资源:编制课件需要保证电脑、照相机、摄像机等硬件资源,图片和视频制作需要培训机构和基层单位积极配合,提供实训装置或生产现场,以便模拟或实操取证。

(4)时间保障:课件开发需要编制人员投入相当的时间和精力编写,编制人所在单位应做好生产组织和工作协调,合理分配、调整日常工作任务,确保编制人员有足够的时间专注于课件编制。

第二节 通用安全知识课件编制

通用HSE知识培训是企业安全生产管理工作的重要组成部分,针对基层岗位员工HSE培训矩阵开发配套的培训课件,能够有效宣贯安全环保基础知识和要求,让员工了解并掌握安全防护用具使用等与安全环保密切相关的技能要求,进一步转变员工安全态度,提高安全意识,养成良好的安全行为习惯。

一、课件编制依据

通用HSE知识培训课件编制的主要依据包括但不限于:

(1)法律法规、相关的技术标准和规章制度等政策性要求,使操作员工了解国家和行业有关安全环保管理的政策、方针等要求,强化员工安全环保意识,规范员工安全环保行为。

(2)相关的安全技能知识,可包括安全常识、应急逃生、安全防护基础知识、事故案例及相关知识、技能类书籍等,使操作员工掌握安全生产所要求的基本技能知识,达到安全操作的基础要求。

(3)根据课件的培训主题,对相关的法律法规、技术标准、危害因素辨识结果、技能类书籍等资料内容进行实用性筛选、梳理,确定培训的素材。以《气体检测》课件编制为例,举例说明通用安全知识类课件的编制依据梳理过程,详见表3-4。

表3-4 通用安全知识类课件编制依据清单(示例)

序号	课件名称	编制依据				
		法律法规	行业标准	规章制度	相关书籍	事故案例
01	气体检测			《作业许可管理程序》		英国阿尔法平台爆炸
......						

二、培训主体内容结构

通用安全知识培训类课件的编制应符合总体框架要求,其中主体内容应当包括但不限于:

(1)基本概念:培训项目涉及的主要定义、概念和术语。

(2)岗位应知应会:岗位日常生产操作涉及的与培训项目主题相关的应知应会知识,如生产区内产生的气体的危害及控制措施、使用便携式气体检测仪进行气体检测等。

(3)案例分析:与培训项目相关的案例分析。

(4)授课指引:为加强对授课人员的指导,每个培训课件可附《培训师授课指引》。

三、课件主体内容编制

为使课件编制人更好地理解、把握编写架构和内容,掌握编写方式和技巧,保证HSE培训课件编制的规范性、系统性和通用性,现以《气体检测》培训课件为例,对通用HSE知识培训课件主体内容的编制要求作示范说明。

通用HSE知识培训课件编制应侧重理论知识与实际岗位相结合,《气体检测》课件的主体内容分为八个部分,如图3-2所示。

第三章 培训课件编制

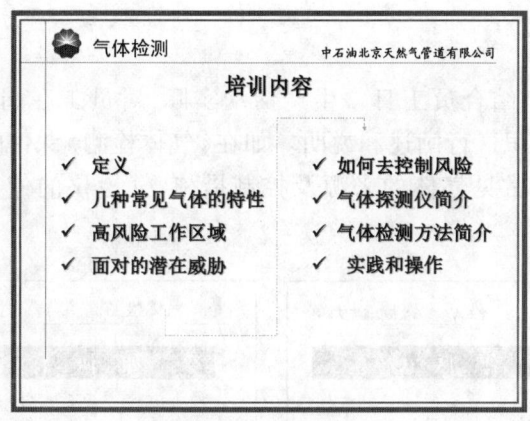

图 3-2 主要内容示例图

1. 基本概念

围绕培训主题,可采用文字、图片、关键词突出、表格等方式阐明某项安全知识的含义、适用范围及其他相关要求。示例课件用文字和关键词突出相结合的方式,阐述气体检测、密闭空间、爆炸极限、危险区域、MSDS等相关定义、常见气体的特性及其他相关的知识要点,让员工对气体检测有一个较为科学、全面、清晰的认识,如图 3-3 所示。

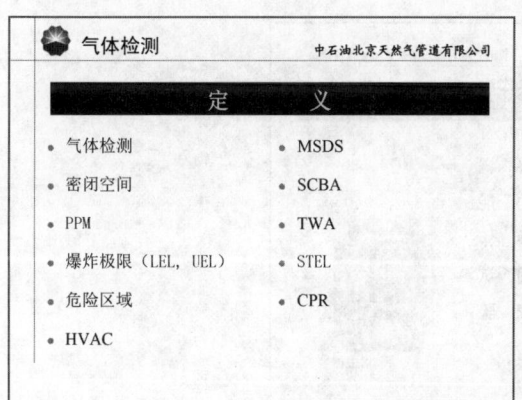
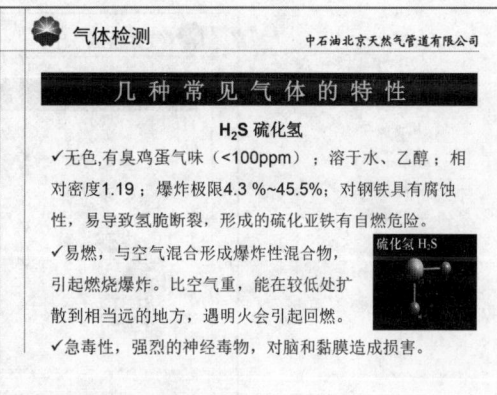
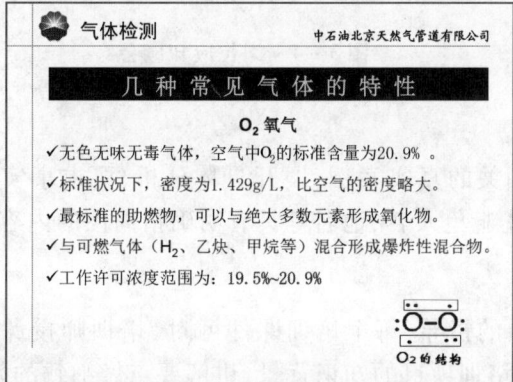

图 3-3 基本概念

2. 岗位应知应会

针对课件主体内容,结合员工日常生产活动实际,对员工在岗位作业活动中涉及该培训主题的应知应会知识进行阐述和说明。如在《气体检测》课件的例子中,需要说明岗位日常生产活动实际中常见气体的来源及控制措施、气检仪的使用方法等。如图3-4所示。

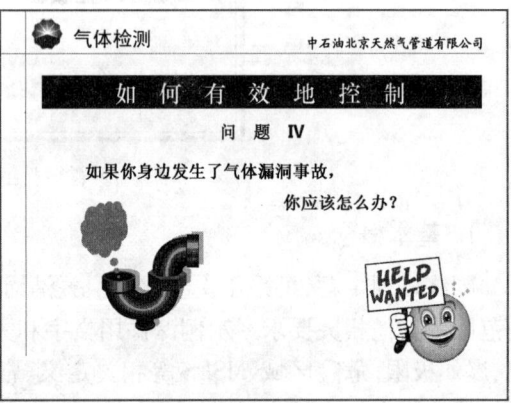
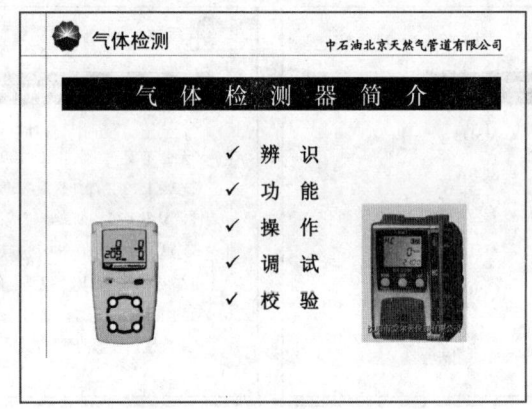

图3-4 岗位应知应会

3. 案例分析

结合与培训主体相关的真实案例,展开具体分析,要求事实完整、要素齐备、叙述简洁、层次清晰,内容描述避免人名、地名等具有明确指向性的内容。

4. 授课指引

为加强对授课人员的指导,每个培训课件可附《培训师授课指引》。通过授课指引,对课件的内容和章节、培训项目的知识背景、讲解要点做细致的阐述。例如:

《气体检测》——培训师授课指引

内容和章节

本课程包括以下几个章节：
- 方针；
- 定义；
- 几种常见气体的特性；
- 高风险工作区域；
- 面对的潜在威胁；
- 如何去控制风险；
- 气体检测器简介；
- 气体检测方法简介；
- 缺氧、中毒急救；
- 实践和操作。

培训重点内容为各类常见危险气体的特性、危险区域介绍、测试器介绍和测试程序介绍四个方面，使受培训人员能够很好地了解气体测试的一般知识，掌握初步的测试技能，简单使用气体检测器进行测试，从而避免现场出现火灾、爆炸、中毒、窒息等重大危害。

背景

在煤炭、石油、化工、船舶等绝大多数工业行业生产过程中，存在大量足以致命的危险气体作业，例如 CO 和 H_2S 可以引起中毒，密闭空间内可以造成缺氧，可燃性碳氢类气体可以引起火灾爆炸等。这些气体事故给人类的生产生活带来了难以估算的伤害，当中很多致命的严重的事故都与气体的控制不利有关。

1926 年美国加利福尼亚标油公司船舶上发生了连锁爆炸，该事故给人们敲响了警钟。人们必将告别用金丝雀在煤矿测量 CO 的方式。从 1927 年，美国工程师 Oliver W. Joson 发明第一个铂丝催化燃烧气体检测仪开始，气体检测技术已经成为气体控制最有效的方法之一。今天，电化学、光离子、红外、半导体等先进的技术相继应用到气体检测当中。工人，必将成为最终的受益者。

随着石油、化工、煤炭、船舶等行业的发展，新技术、新材料、新工艺、新装备的不断引入，气体探测的环境也更加复杂。其中，作为气体检测人员，责任尤显重大，必须要接受相关的职业培训，掌握相关的职业技能，才能为生产出力，从而使历史上一次次血的教训不再重演。

目标

该培训课程的设计目的是为了介绍气体检测作业的必要性,使员工熟知气体检测作业的基本知识,初步掌握气体检测的基本技能。学完该课程,员工应该:

- 了解气体检测的方针;
- 对常见的几种气体性质和危害性有所了解;
- 能够辨识生产工作区内产生的气体危害方式和危害程度;
- 能够采取恰当的技术手段、管理措施和个人操作对危害加以控制;
- 可以使用便携式气体检测仪进行气体检测;
- 可以识别固定式气体检测系统及其连锁的火灾探测系统、自动灭火系统;
- 熟悉一般性气体检测方法及其注意事项;
- 发生气体事故时,知道采取何种应急措施,懂得自救和救助他人。

课程回顾

对于本课程的内容,授课者应该事先熟悉其内容,并且具备一定的现场操作经验,熟悉气体检测的流程,可以熟练操作气体测试仪进行操作,授课者还应多综合国家标准和行业标准,并结合现场的实际情况进行讲解。在培训过程中,授课者除了课件中规定的演示案例外,可适当增加现场模拟和案例内容,以使学员对知识点进行更好地了解和掌握。

本课程安排的比较紧凑,应该根据授课对象和讲师实际,合理安排时间。

讲解提纲

讲解提纲

页面NO.	讲解要点	用时
1	√ 当幻灯片打到第一页,授课开始,讲师简单自我介绍; √ 开场感言,与学员互动,消除紧张感; √ 宣讲课堂纪律和注意事项; √ 告知本次培训大约需要2.5h,中间休息10min	2min
2	√ 讲述本次培训的目的; √ 可询问学员是否有相关经历,了解培训对象状况,为下面提问和实操埋下伏笔	1min
3	√ 培训内容一项项弹出,交代培训内容和培训特点; √ 点出培训和考试重点所在章节; √ 交代考试时间和形式	2min
4	√ 截取一段审批环节视频演示,提起大家对培训的重视,对培训产生感性认识; √ 演示过程中关注大家反应; √ 视频结束可简单询问前排的一位学员感想	5min

续表

页面NO.	讲解要点	用时
5	√ 提问中后排2~3人,必须包含一名有经验人员,大体掌握学员认知程度,明了培训深度; √ 本问题为开放性,允许学员畅所欲言; √ 教师点评,提取闪光点,以鼓励和赞扬为主; √ 检测方针: ● 早发现、早汇报、早解决,消除危险在萌芽阶段,避免出现大的灾难(时间就是生命); ● 绝不放过任何可能性,任何细微的泄漏都可能酿成灾难性的后果(千里之堤毁于蚁穴)	3min
…	……	…
68	√ 有些现场的老师傅,经常会犯一个严重的错误:"我一闻就知道是不是超标了。" "我的鼻子比仪器都灵敏!"——当他没伤风的时候; √ 仪器的可靠度要远远高于人的鼻子。你的鼻子很有可能会害了你	30s
69	√ 实践与操作; √ 如果条件允许,要求有1/3以上的学员操作一遍	20min
70	√ 为学员解决疑难问题; √ 结束后,感谢大家参加此次培训	5min

四、课件编制实例

下面以《气体检测》为例,展示课件的编制内容。

1

2

气体检测 — 培训的目的

✓ 本课程旨在培训公司内部员工了解和熟悉气体检测的一般性知识,初步掌握气体检测一般技能,并能够简单地使用固定式可燃性气体探测装置和便携式可燃性气体、氧气探测仪,为生产作业提供必要的安全保障。

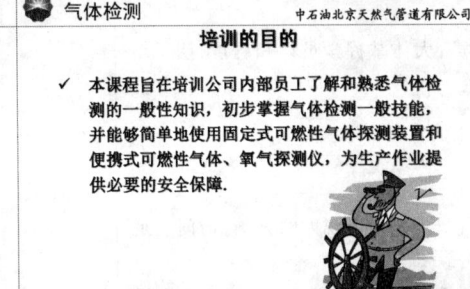

气体检测 — 培训内容

- ✓ 定义
- ✓ 几种常见气体的特性
- ✓ 高风险工作区域
- ✓ 面对的潜在威胁
- ✓ 如何去控制风险
- ✓ 气体检测器简介
- ✓ 气体检测方法简介
- ✓ 实践和操作

气体检测 — 定义

- 气体检测
- 密闭空间
- PPM
- 爆炸极限(LEL, UEL)
- 危险区域
- HVAC
- MSDS
- SCBA
- TWA
- STEL
- CPR

几种常见气体的特性

H_2S 硫化氢

✓ 无色,有臭鸡蛋气味(<100ppm);溶于水、乙醇;相对密度1.19;爆炸极限4.3%~45.5%;对钢铁具有腐蚀性,易导致氢脆断裂,形成的硫化亚铁有自燃危险。

✓ 易燃,与空气混合形成爆炸性混合物,引起燃烧爆炸。比空气重,能在较低处扩散到相当远的地方,遇明火会引起回燃。

✓ 剧毒性,强烈的神经毒物,对脑和黏膜造成损害。

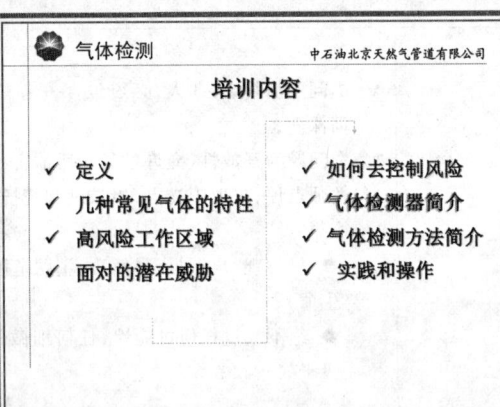

几种常见气体的特性

H_2S 硫化氢毒性危害分解表

浓度	危害
0.0025ppm	产生臭味的最低浓度
10~25ppm	刺激眼睛和呼吸道
20~100ppm	发炎、起泡、眼睛失明、失去知觉、头痛、咳嗽、呕吐
100~300ppm	呼吸困难,呼吸急促(暴露30分钟~8小时)
300~600ppm	中枢神经受到影响,如颤抖、虚弱、手足麻木、失去知觉和痉挛
600~1000ppm	不进行立即抢救,几分钟内就会很快失去知觉并死亡
1000ppm以上	立即停止呼吸并死亡

警告:24小时内喝酒的人暴露在H_2S中,很低浓度的H_2S就能置人于死地。

几种常见气体的特性

H_2S在空间中的最大许可浓度

美国国家工业卫生指南(EH40)规定了H_2S的最大职业暴露极限(MELs),如下:

TWA
● 长期暴露极限为10ppm(每天不超过8小时)

STEL
● 短期暴露极限为15ppm(每次不超过10分钟)

气体检测　　中石油北京天然气管道有限公司

几种常见气体的特性

LPG 液化石油气 Liquefied Petroleum Gas

✓ LPG的主要组分是丙烷（一般>95%），有少量的丁烷、丙烯、丁烯。以液态储存在储罐中，常被用作燃料。

✓ 丙烷C_3H_8，无色气体，纯品无臭；比空气重，易燃气体；爆炸极限2.1%~9.5%。有窒息及麻醉作用。低于1%，无症状；低于10%，引起轻度头晕；高浓度时，出现麻醉状态、意识丧失，甚至可致窒息死亡。

9

气体检测　　中石油北京天然气管道有限公司

几种常见气体的特性

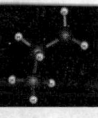

LNG 液化天然气 Liquefied Natural Gas

✓ LNG为气田生产的天然气净化处理，再经超低温（-162℃）液化就形成液化天然气，体积缩小为1/610。

✓ LNG主要成分为甲烷(CH_4)，无色、无味、微毒且无腐蚀性；比空气轻，易燃，与空气混合有爆炸的危险（爆炸极限为4.59%~15%）。

图1　甲烷的分子结构模型

✓ 存储LNG的罐体和容器必须能够耐低温，普遍采用含镍1%的镍钢板，同时包裹多层绝缘材料制成。

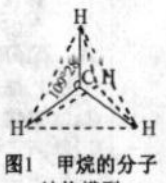

10

气体检测　　中石油北京天然气管道有限公司

几种常见气体的特性

O_2 氧气

✓无色无味无毒气体，空气中O_2的标准含量为20.9%。

✓标准状况下，密度为1.429g/L，比空气的密度略大。

✓最标准的助燃物，可以与绝大多数元素形成氧化物。

✓与可燃气体（H_2、乙炔、甲烷等）混合形成爆炸性混合物。

✓工作许可浓度范围为：19.5%~20.9%

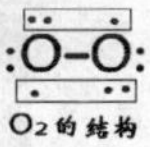

O_2的结构

11

气体检测　　中石油北京天然气管道有限公司

几种常见气体的特性

O_2 氧气

✓氧气浓度超过**23%**，为富氧状态。

✓氧气浓度过高可造成富氧燃烧。点火能量小，燃烧剧烈，速度快，瞬间即灭，出现闪燃或轻爆。

✓ 主要是使用的氧气设备泄漏，如储罐、管线、气带等，能造成富氧环境。

✓切记：氧气的泄漏非常危险！！一个小小的火花，有可能酿成严重的事故！

12

气体检测　　中石油北京天然气管道有限公司

几种常见气体的特性

O_2 氧气

✓氧气浓度低于**18%**，属于环境性缺氧状态；

✓低于12%~15 %，行为和心肌功能将受到影响；

✓低于10%~ 12%；将昏迷，失去意识，出于假死状态；

✓低于6%~ 9%，几分钟致死；

✓缺氧危险作业环境指在密闭空间、地上有限空间、地下有限空间内三类。

13

气体检测　　中石油北京天然气管道有限公司

几种常见气体的特性

CO 一氧化碳

✓ CO在通常状况下，一氧化碳是无色、无臭、无味、难溶于水的气体；中性；与空气密度接近，易发生CO中毒。

✓ CO可以和血液中的血红蛋白结合，影响机体组织氧气输送，造成缺氧中毒。车间空气中CO的最大允许浓度为30mg/m³。

✓ 在爆炸极限12.5%~80%，与空气混合，易发生爆炸。

14

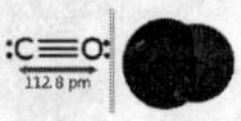

气体检测

可燃性气体的燃点和混和气体的爆炸范围
（在一个大气压下）

气体（蒸汽）	燃点℃	混和物中爆炸限度（气体的体积百分比），%	
		与空气混和	与氧气混和
CO 一氧化碳	650	12.5-75	13-96
H_2 氢气	585	4.1-75	4.5-95
H_2S 硫化氢	260	4.3-45.4	
NH_3 氨气	650	15.7-27.4	
CH_4 甲烷	537	5.0-15	14.8-79
CH_3OH 甲醇		6.0-36.5	5-60
C_2H_4 乙烯	427	3.0-33.5	
C_2H_6 乙烷	450	3.0-14	
C_2H_5OH 乙醇	558	4.0-18	3-80
C_3H_6 丙烯		2.2-11.1	4-50
C_3H_8 丙烷		2.1-9.5	
C_2H_2 乙炔	335	2.3-82	2.8-93
C_4H_{10} 丁烷		1.5-8.5	
$C_4H_{10}O$ 乙醚	343	1.8-40	
C_6H_6 苯	538	1.4-8.0	

注：参看H. A. J. 斐受德斯《化学试验室安全手册》

15

气体检测

高风险工作区域

密闭空间

16

气体检测

高风险工作区域

生产处理单元

17

气体检测

高风险工作区域

管道及附属设施

18

气体检测

高风险工作区域

存储/生产罐体

19

气体检测

高风险工作区域

使用终端

20

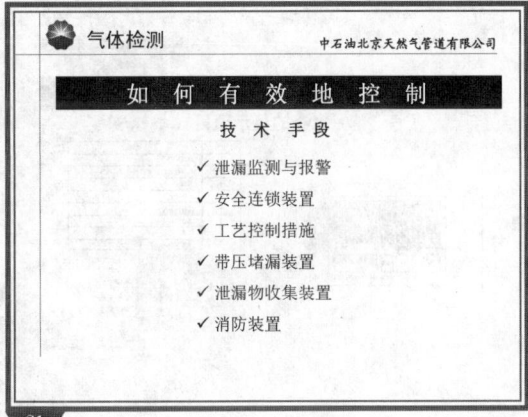

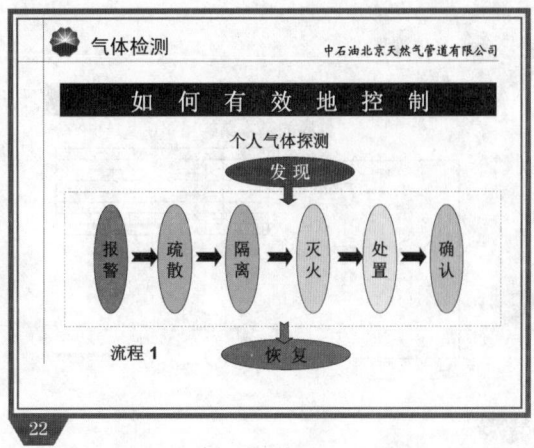

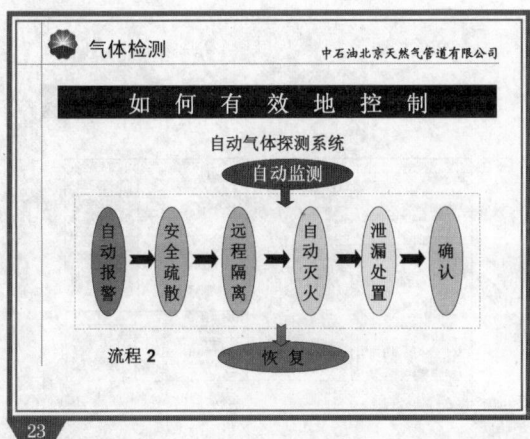

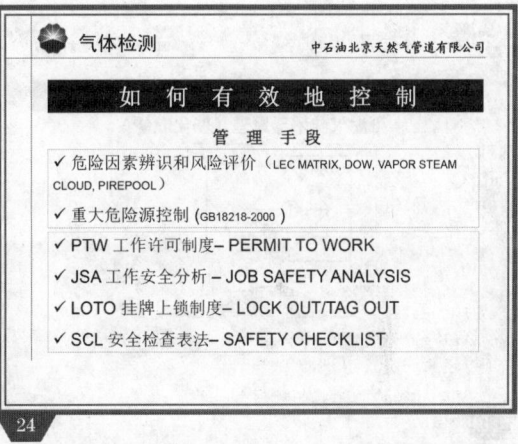

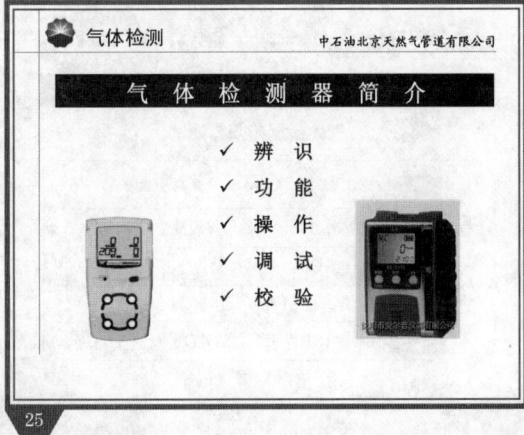

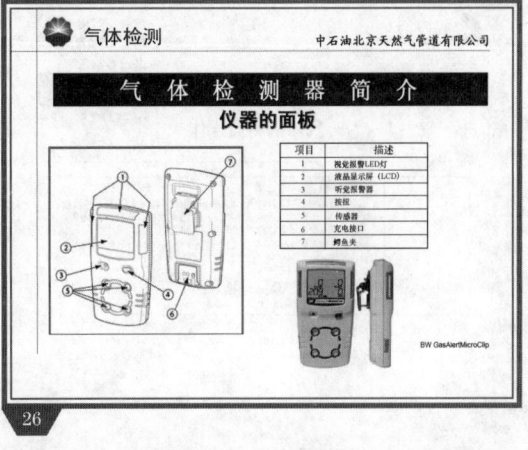

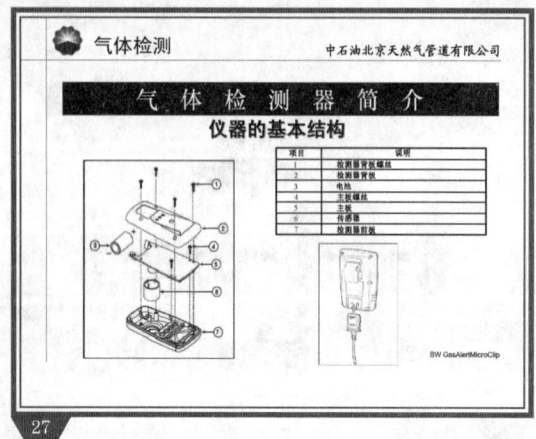

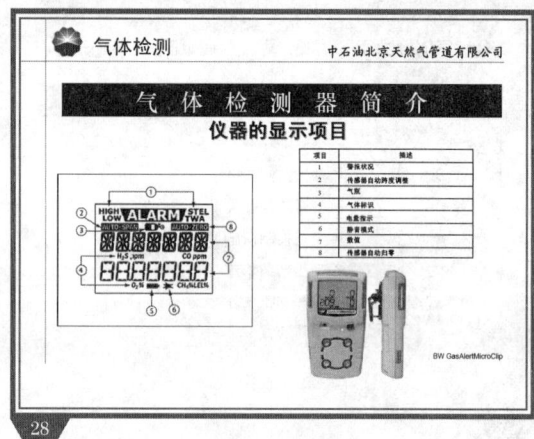

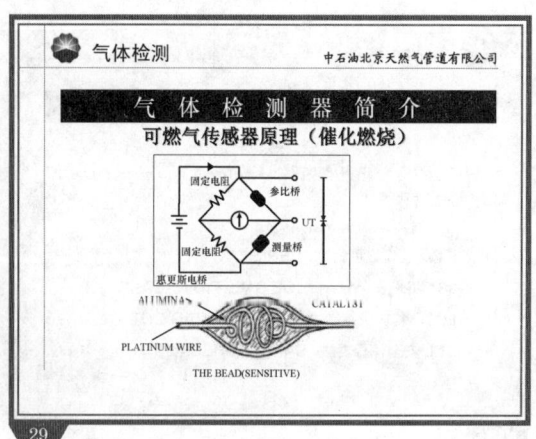

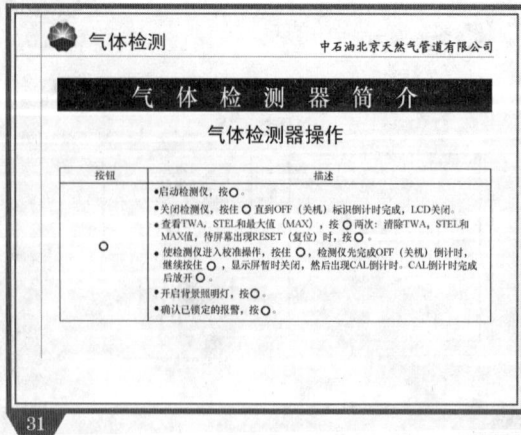

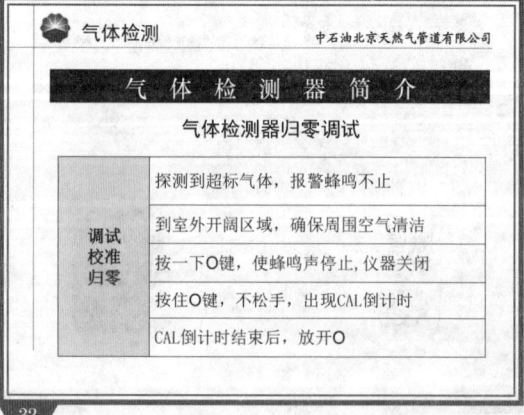

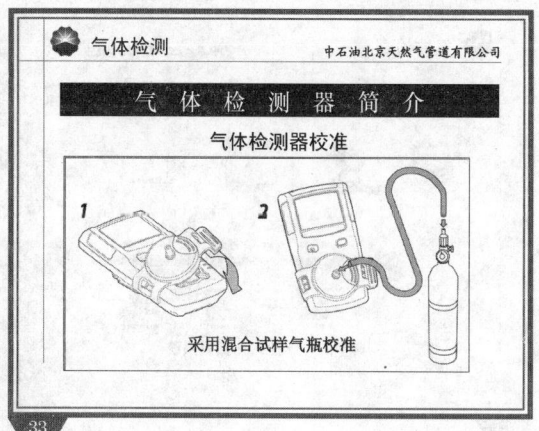
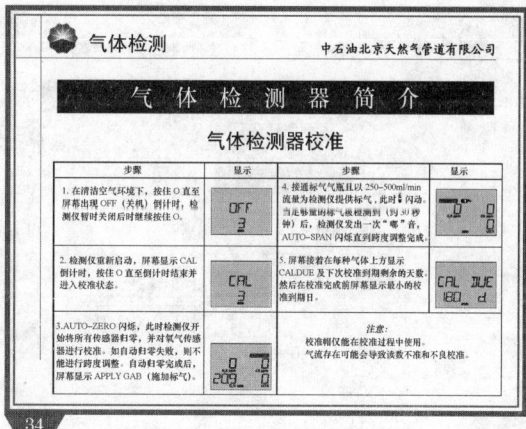
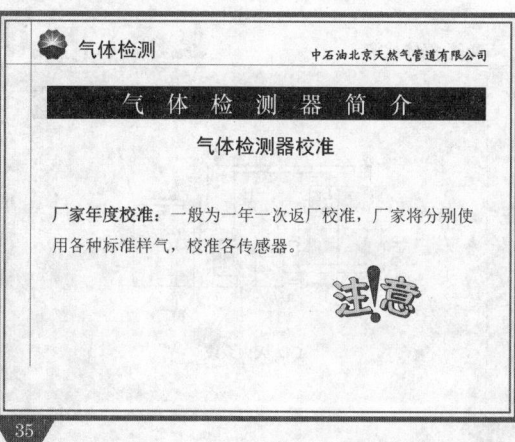

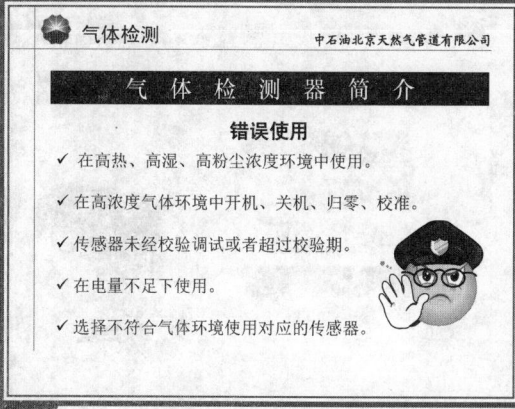
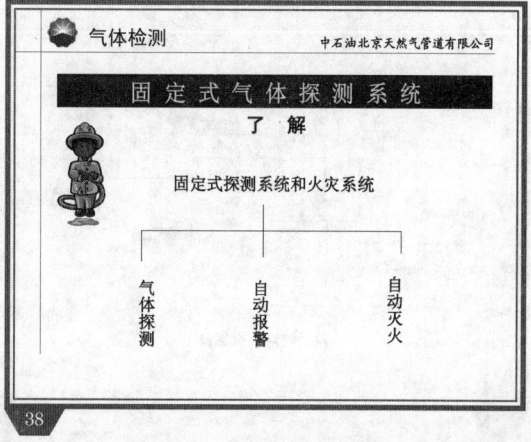

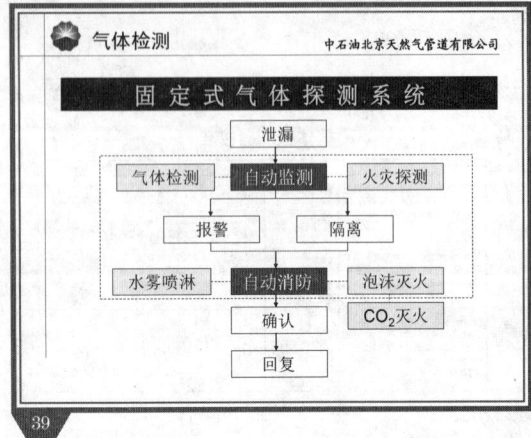
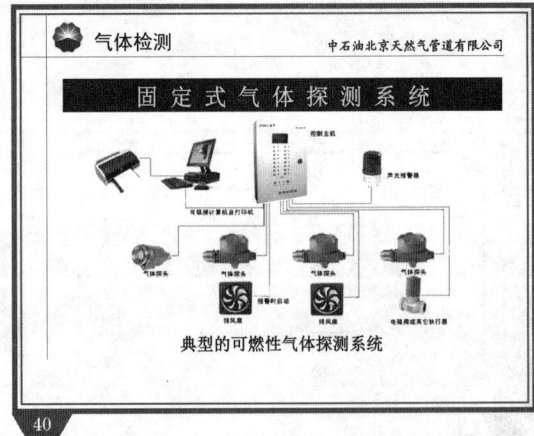
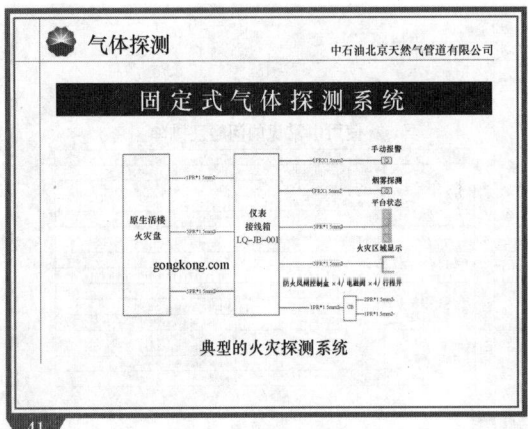
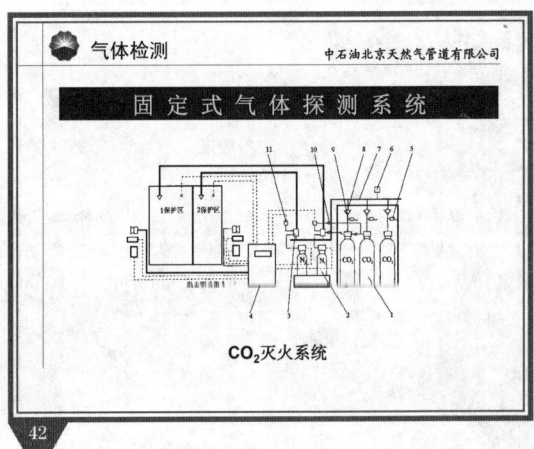
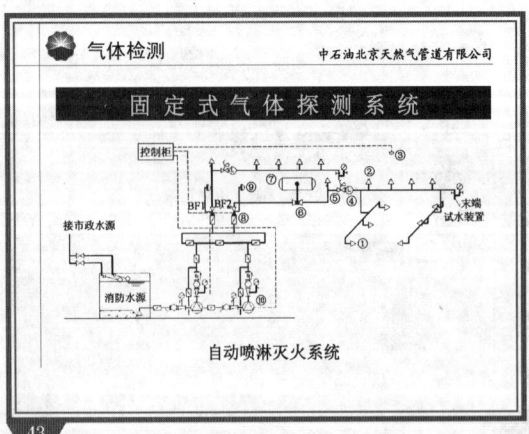
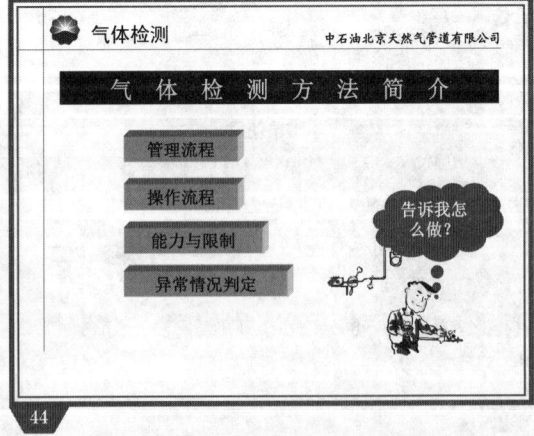

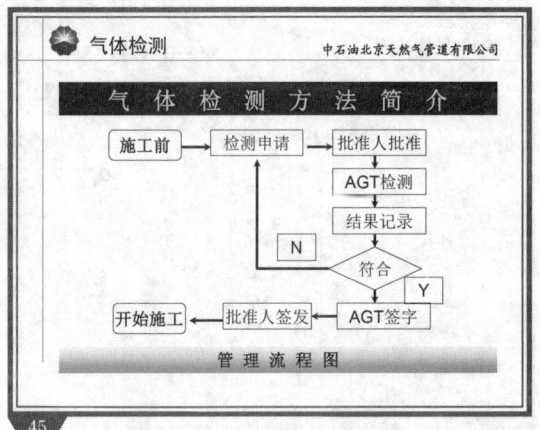
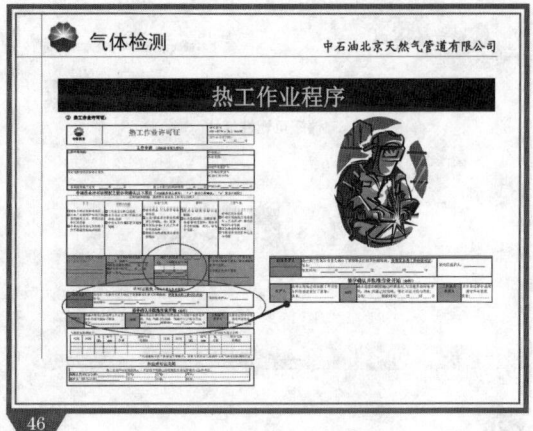
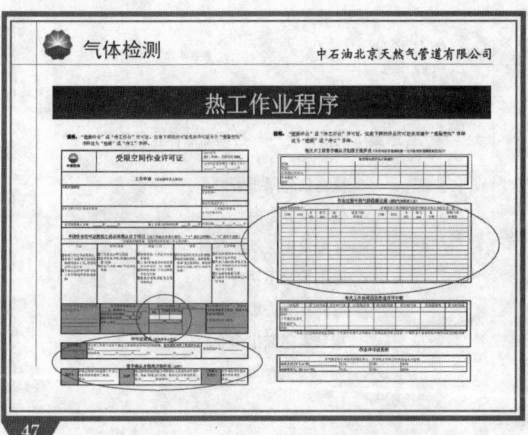
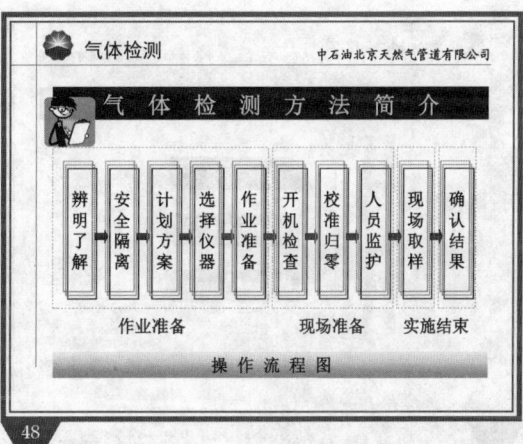
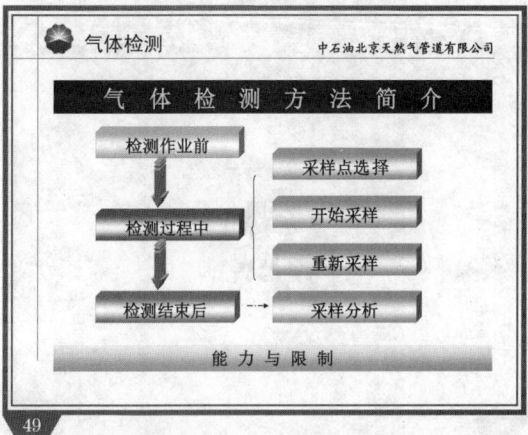
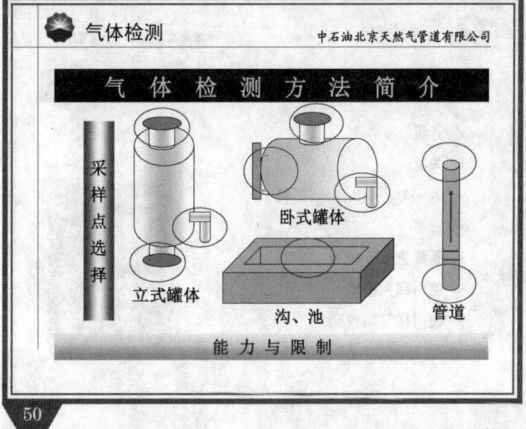

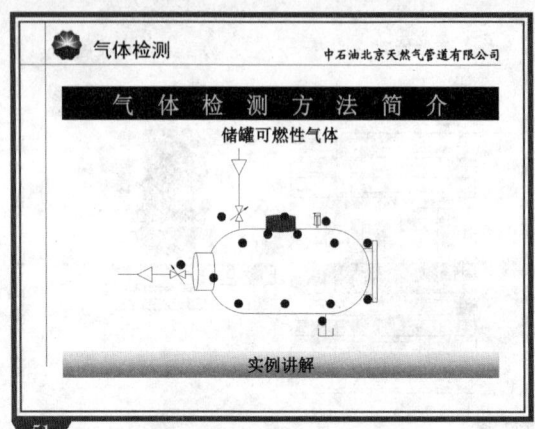

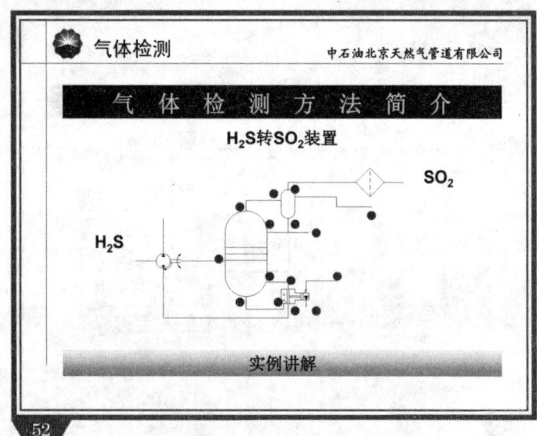

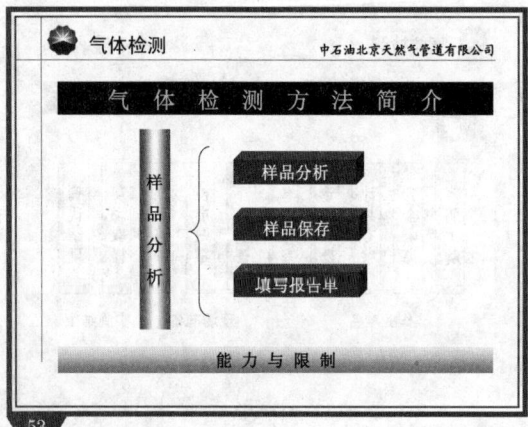

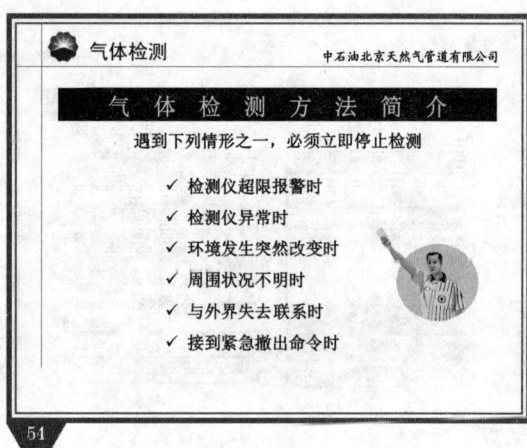

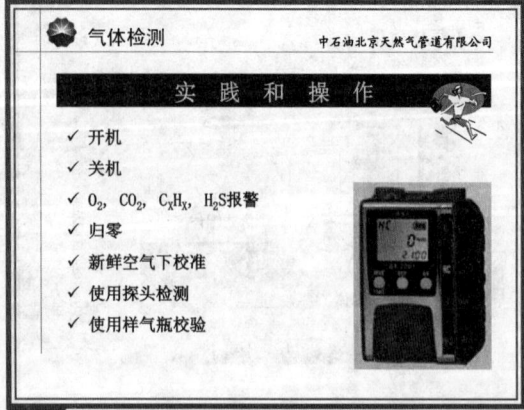

第三节 岗位操作技能课件编制

岗位操作技能培训课件是基层岗位 HSE 培训课件中的个性化部分,是针对岗位涉及的日常操作而需要培训的内容。本类培训课件应注重理论与实践相结合,培训重点是操作过程中的操作技术要求、现场危害因素识别、风险控制方法和应急处置措施,旨在培养员工良好的 HSE 意识和规范的操作行为,确保员工掌握岗位技能,熟知 HSE 风险,预防事故发生。

一、课件编制依据

岗位操作技能类课件编制的主要依据包括但不限于:
（1）操作岗位日常生产作业活动使用的操作规程等技术资料。
（2）岗位危害因素辨识评价的结果性资料,如工作循环分析、工作前安全分析等。
（3）操作岗位应急处置程序。

以课件《Rotork IQ 系列电动执行机构操作维护》为例,对课件培训主题相关的操作规程、危害因素辨识评价结果等技术文件进行梳理,确定培训素材,表 3-5 展示了素材梳理的思路和方法。

表 3-5 岗位操作技能类课件编制依据清单（示例）

序号	课件名称	技术标准	技术资料	危害因素辨识评价结果	应急处置程序
1	Rotork IQ 系列电动执行机构操作维护	—	Rotork IQ 系列电动执行机构操作规程	Rotork IQ 系列电动执行机构操作危害因素辨识评价结果	Rotork IQ 系列电动执行机构应急处置程序
……			……		……

二、课件主体内容结构

岗位基本操作技能类课件的编制应符合总体框架要求,其中主体内容应至少包括以下内容:
（1）对照操作规程,对于常规操作类项目,其课件应包括以下内容:
① 操作步骤。包括操作前准备和检查、操作、操作后确认等,参照各项设备的操作规程;
② 操作过程中的风险及控制措施;
③ 应急处置。
（2）对于维护保养类操作项目,如检查、调整等项目,先明确操作（检查、调整等）内容及要求,再参照常规操作类项目明确维护保养操作步骤、操作过程中的风险及控制措施、应急处置。
（3）对于故障处理及消缺维修操作项目,先明确出现故障的现象,再参照常规操作类项目,明确故障处理及消缺维修的操作步骤、操作过程中的风险及控制措施、应急处置。
（4）"操作步骤"部分的每一个操作步骤应配图示,"操作过程中的风险及控制措施"及"应急处置"部分内容用表格列出。

三、课件主体内容编制

操作类培训课件主体内容应包括操作步骤、操作过程中的风险及控制措施、应急处置的内容。要突出强调操作过程中存在的风险及防范措施。以此来提高员工岗位风险识别与控制的能力,现以《Rotork IQ 系列电动执行机构操作维护》课件为例,对岗位基本操作技能类课件主体内容的编制要求作示范说明。

按照《Rotork IQ 系列电动执行机构操作维护规程》,Rotork IQ 系列电动执行机构的操作项目可以分为7个,见表3-6中的2.13.2~2.13.8,这7个操作项目可以分别编制课件,也可以在一个大的课件中将这几个操作项目分别列出,而且为了更好地理解操作过程中的风险,员工也应该对设备设施的结构及工作原理有所掌握,所以,可以把知识点"2.13.1 结构及工作原理"和7个操作项目课件合在一起,但内容要分开。所有知识点既可以同时系统讲授,也可以根据员工掌握情况单独讲某个或某几个知识点,可以在培训方式上实现个性化培训(有针对性、短课时、按需培训,缺什么补什么,"一人一单")的目标,如图3-5所示。单独讲授某个知识点时,可以在其主体内容的基础上增加课件封面、安全经验分享、培训目的、讨论总结等如图3-1所示的课件总体框架要求的内容。

表3-6 Rotork IQ 系列电动执行机构操作维护培训知识点

2.13	Rotork IQ 系列电动执行机构操作维护
2.13.1	结构及工作原理
2.13.2	就地控制的手动开关操作
2.13.3	就地控制的电动开关测试
2.13.4	远程控制开关操作
2.13.5	供电情况检查
2.13.6	限位检查及调整
2.13.7	执行机构输出扭矩调整
2.13.8	执行机构过扭矩处理

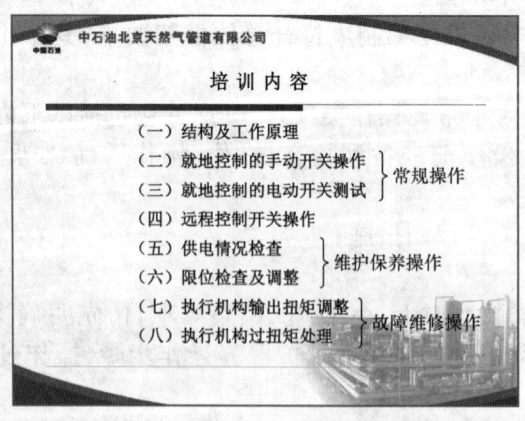

图3-5 Rotork IQ 系列电动执行机构操作维护培训课件目录

(1)"结构及工作原理"知识点的课件要求以图示为主,将该设备设施的结构及工作原理说明清楚,如图3-6所示。

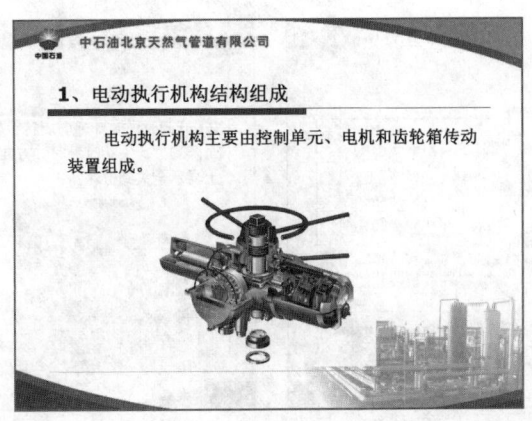

图 3-6　Rotork IQ 系列电动执行机构结构及工作原理

(2)对于操作类项目,如"2.13.2 就地控制的手动开关操作",其课件应包括操作步骤、操作过程中的风险及控制措施、应急处置三部分内容。其中操作步骤又可包括操作前检查、开关操作、操作后确认等。尽量采用现场图片和文字相结合的方式描述,如图3-7所示。

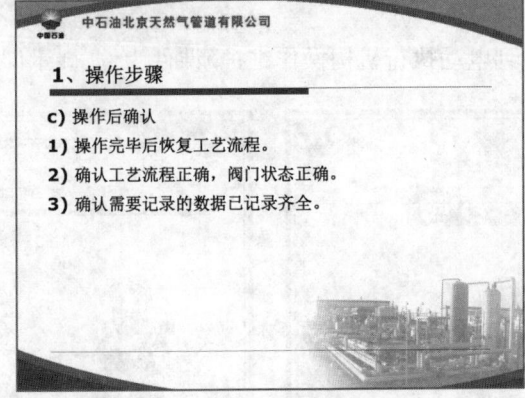

图 3-7　Rotork IQ 系列电动执行机构就地控制的手动开关操作

每一步操作过程中存在的风险和控制措施可以用图表形式展现,在每一步的操作图片中也要进行重点提示,如图 3-8 所示。

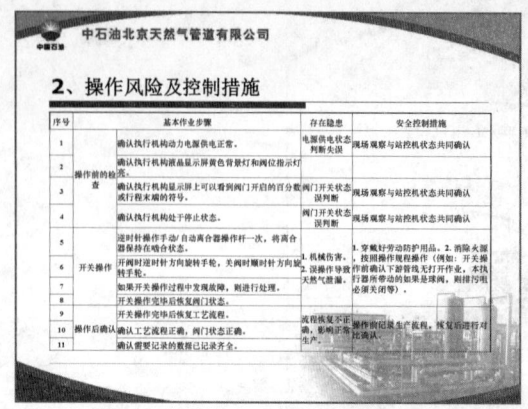
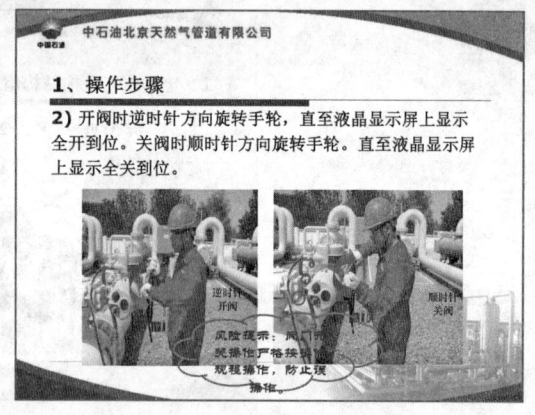

图 3-8　就地控制的手动开关操作过程中存在的风险和控制措施

应急处置措施也可以用图表形式展现，直观简练，如图 3-9 所示。

图 3-9　就地控制的手动开关操作过程中应急处置措施

三、课件编制实例

下面以《Rotork IQ 系列电动执行机构操作维护》课件为例，展示课件的编制内容。

培训目的
　　本课程旨在培训公司内部员工了解和熟悉 Rotork IQ 系列电动执行机构的一般性知识，初步掌握操作维护的一般技能，保证输气管道安全平稳运行。

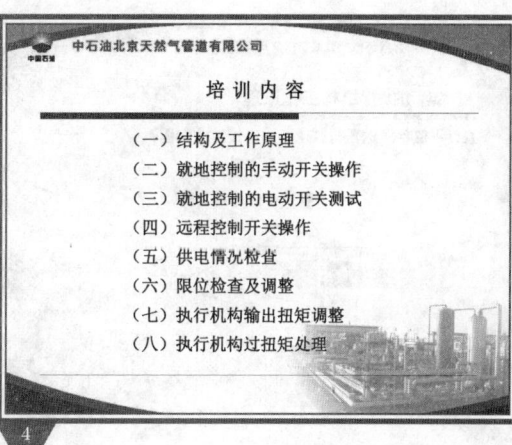

培 训 内 容

（一）结构及工作原理
（二）就地控制的手动开关操作
（三）就地控制的电动开关测试
（四）远程控制开关操作
（五）供电情况检查
（六）限位检查及调整
（七）执行机构输出扭矩调整
（八）执行机构过扭矩处理

（一）结构及工作原理

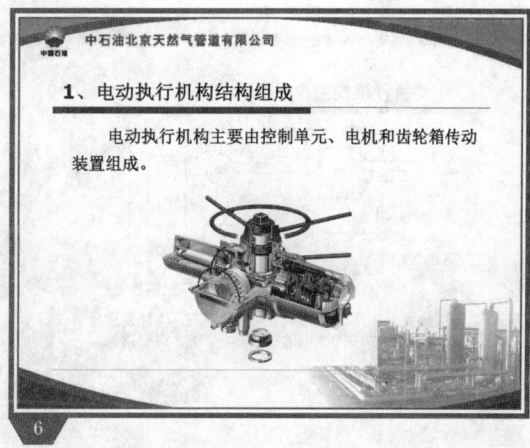

1、电动执行机构结构组成

　　电动执行机构主要由控制单元、电机和齿轮箱传动装置组成。

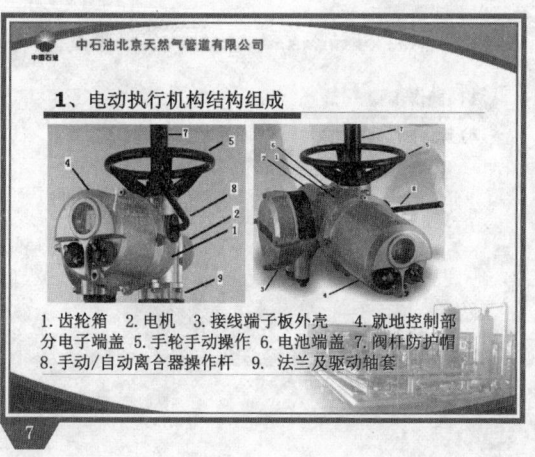

1、电动执行机构结构组成

1.齿轮箱　2.电机　3.接线端子板外壳　4.就地控制部分电子端盖　5.手轮手动操作　6.电池端盖　7.阀杆防护帽
8.手动/自动离合器操作杆　9.法兰及驱动轴套

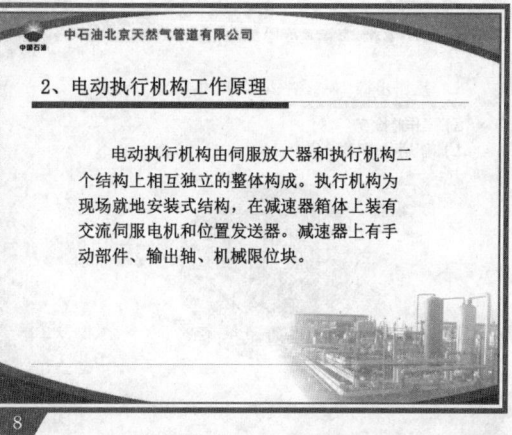

2、电动执行机构工作原理

　　电动执行机构由伺服放大器和执行机构二个结构上相互独立的整体构成。执行机构为现场就地安装式结构，在减速器箱体上装有交流伺服电机和位置发送器。减速器上有手动部件、输出轴、机械限位块。

2、电动执行机构工作原理

直行程位置发送器与减速器的连接结构如图：

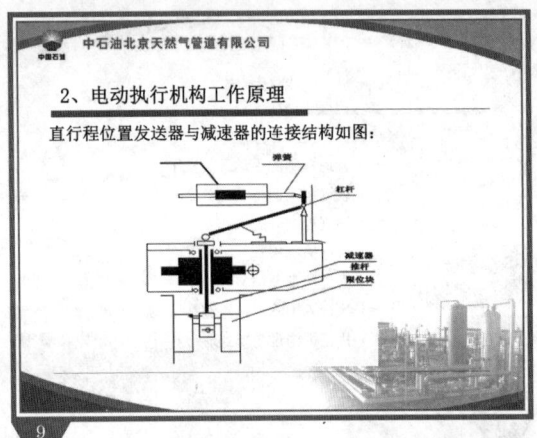

2、电动执行机构工作原理

它们之间的联接和调整是通过杠杆和弹簧来实现的。当减速器输出轴上下运动时，杠杆一端依靠弹簧的拉力紧压在输出轴的端面上，因而传感器芯棒产生轴向位移，达到改变位置发送器输出电流大小的目的。传感器芯棒移动距离而对应的位置反馈电流为 4~20mA（DC）[0~10mA（DC）]。输出轴位移的行程和位置发送器输出电流呈线性关系。利用杠杆支点距离的不同来改变行程的变化。机械限位块则按行程不同来进行设置。

直行程电动执行机构是一个用交流伺服电动机为原动机的位置伺服机构，其系统方块图如下：

2、电动执行机构工作原理

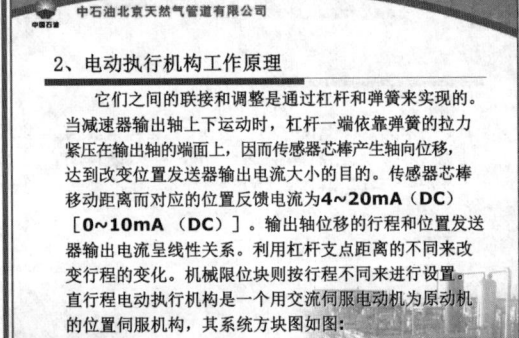

FC 伺服放大器　SD 单相伺服电机　WF 位置发送器
Z 减速器　　　DFD 电动操作器　　C 调节阀

（二）就地控制的手动开关操作

1、操作步骤

a) 操作前检查
1) 确认执行机构动力电源供电正常。

1、操作步骤

2) 确认执行机构液晶显示屏黄色背景灯和阀位指示灯亮。

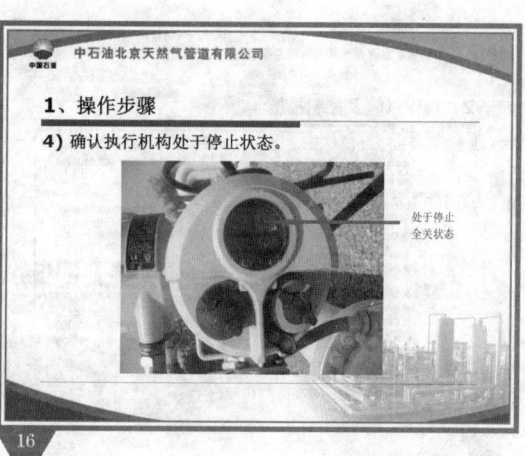

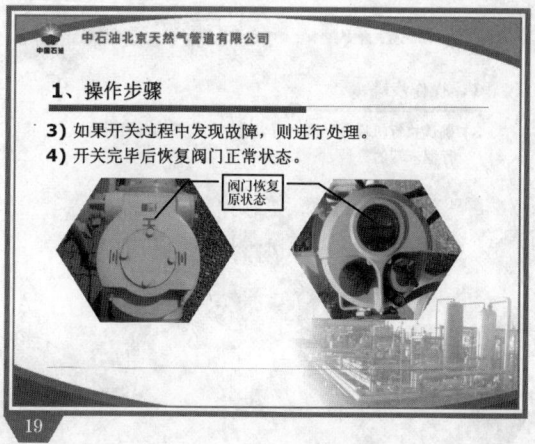

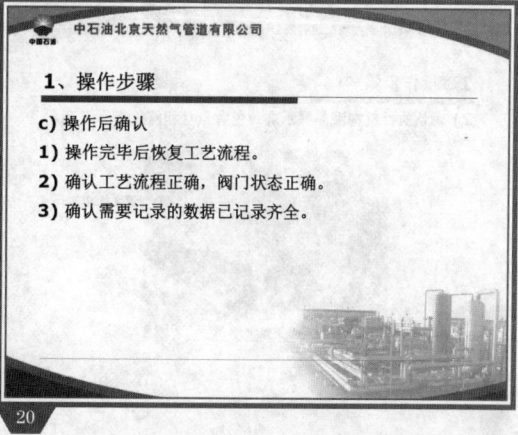

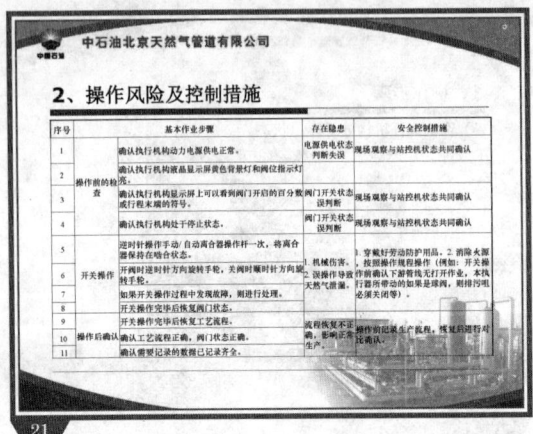

（三）就地控制的电动开关测试

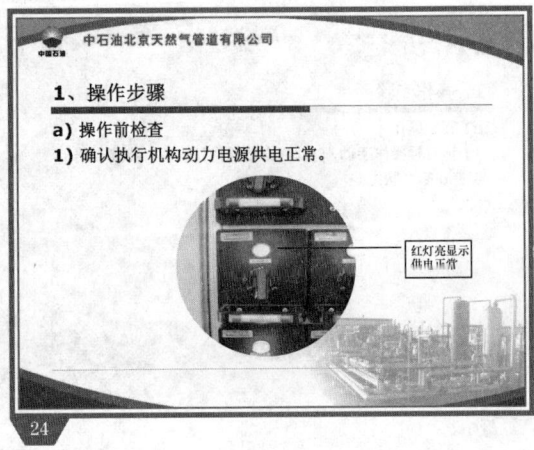

1、操作步骤

a) 操作前检查
1) 确认执行机构动力电源供电正常。

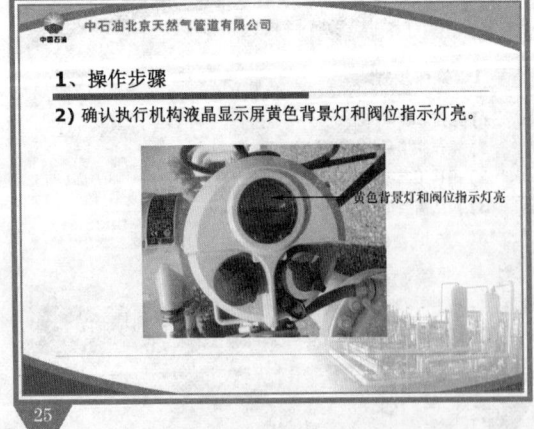

1、操作步骤

2) 确认执行机构液晶显示屏黄色背景灯和阀位指示灯亮。

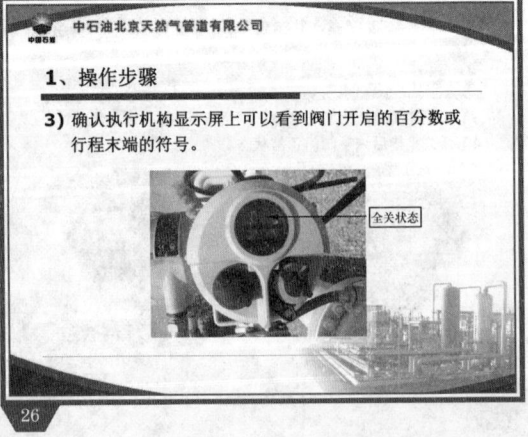

1、操作步骤

3) 确认执行机构显示屏上可以看到阀门开启的百分数或行程末端的符号。

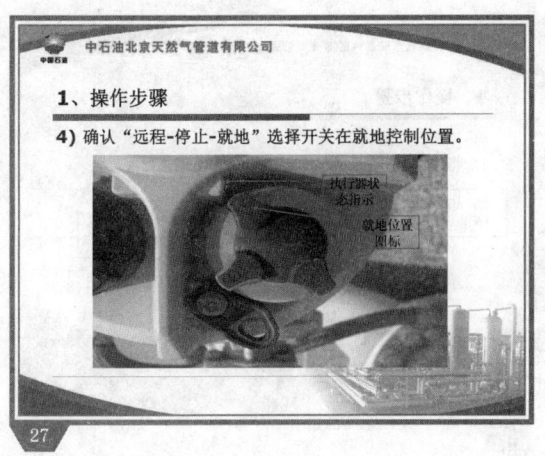

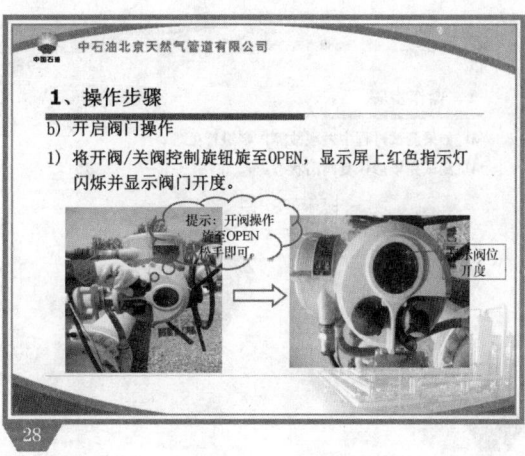

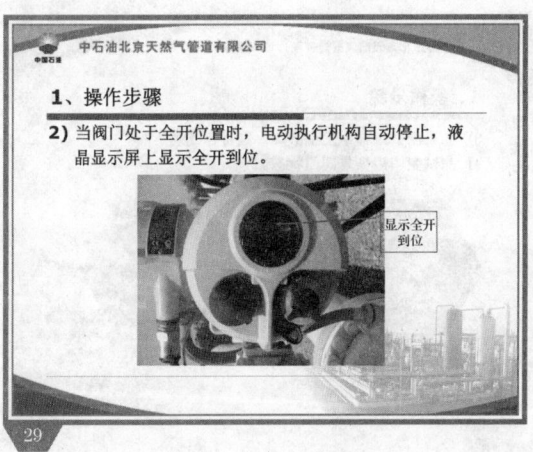

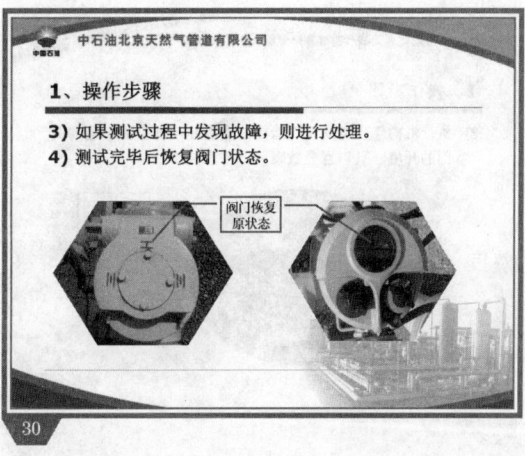

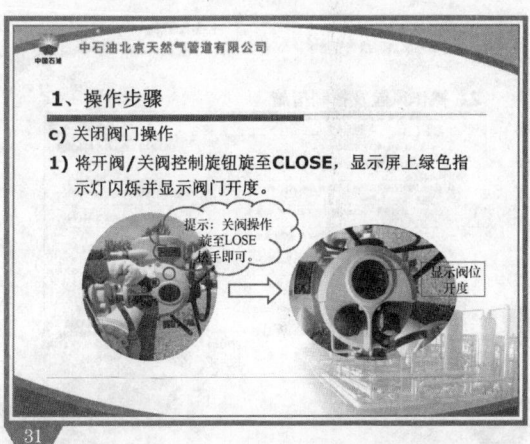

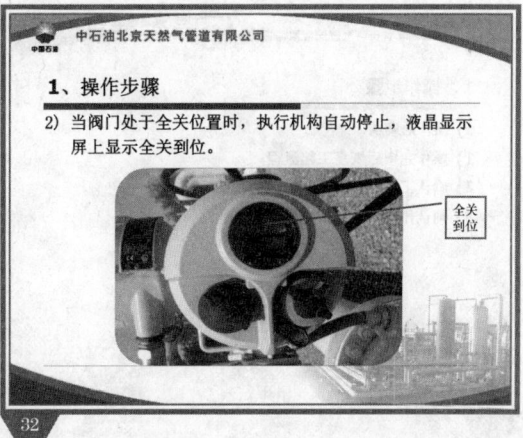

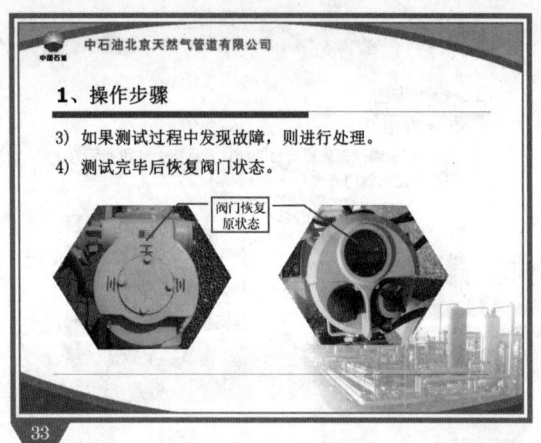

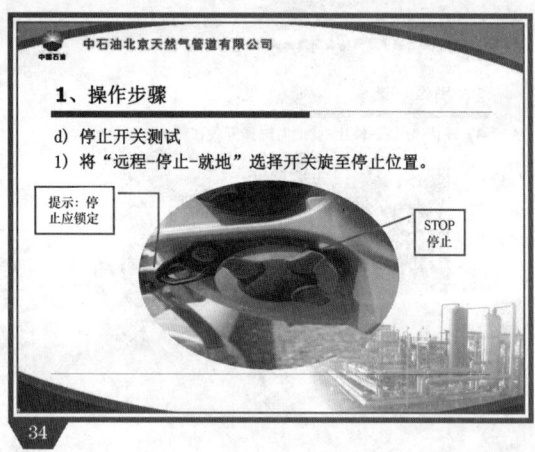

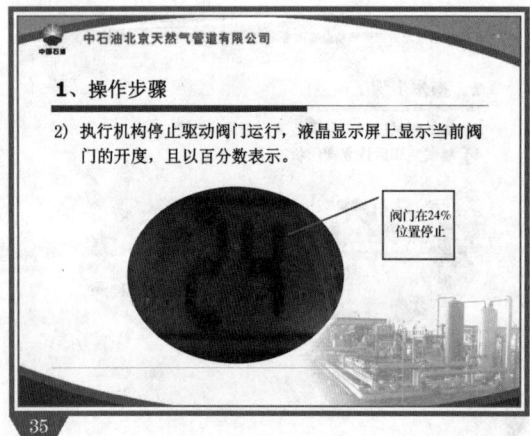

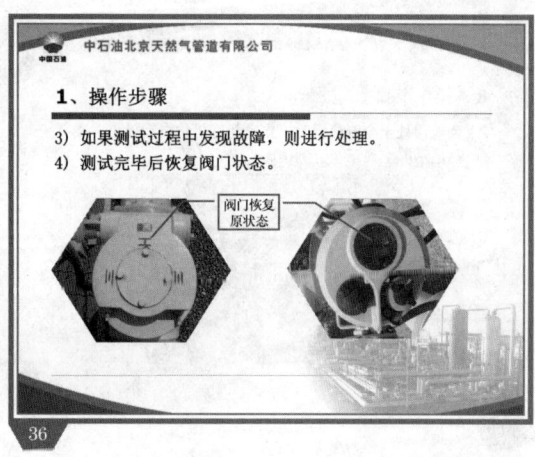

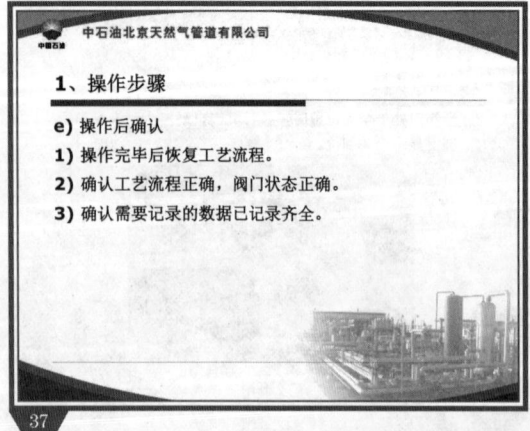

（四）远程控制开关操作

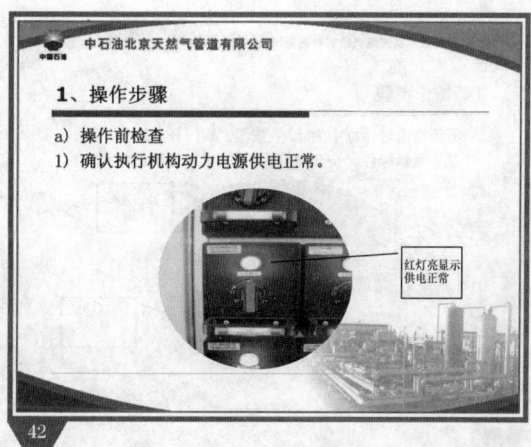

1、操作步骤

a) 操作前检查
1) 确认执行机构动力电源供电正常。

红灯亮显示供电正常

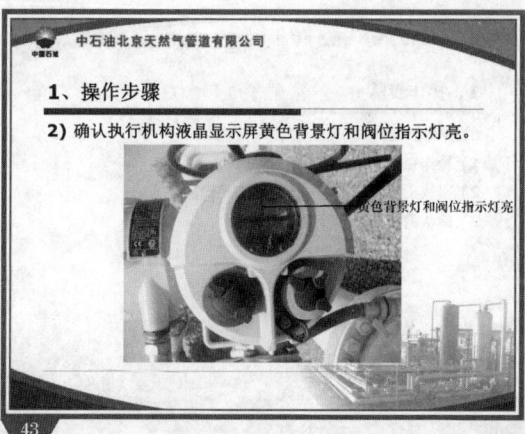

1、操作步骤

2) 确认执行机构液晶显示屏黄色背景灯和阀位指示灯亮。

黄色背景灯和阀位指示灯亮

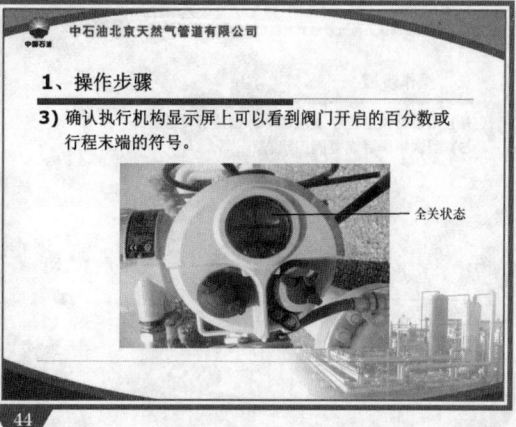

1、操作步骤

3) 确认执行机构显示屏上可以看到阀门开启的百分数或行程末端的符号。

全关状态

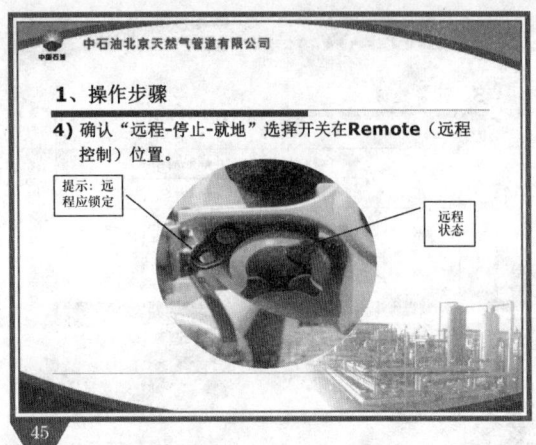

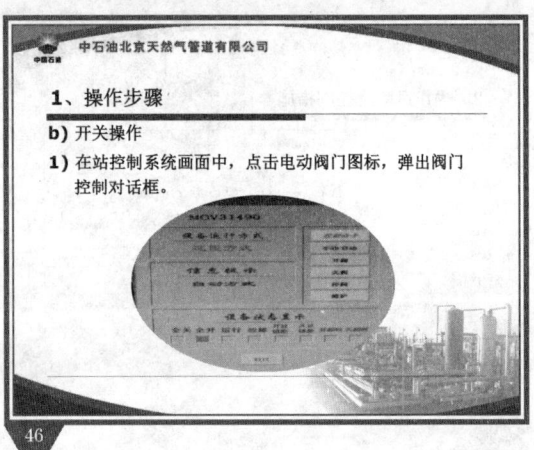

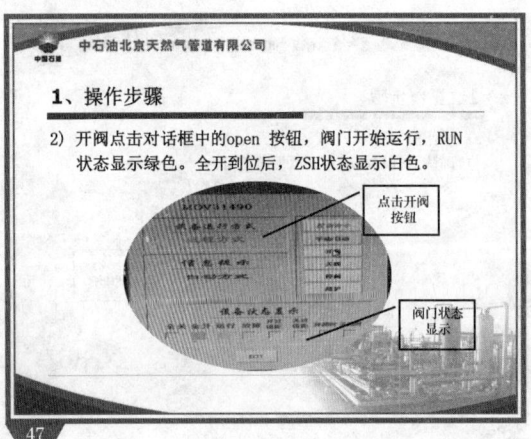

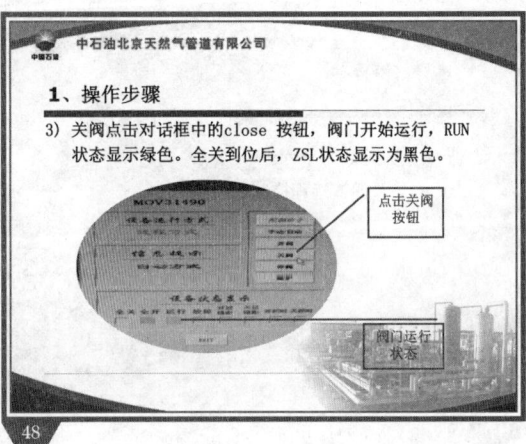

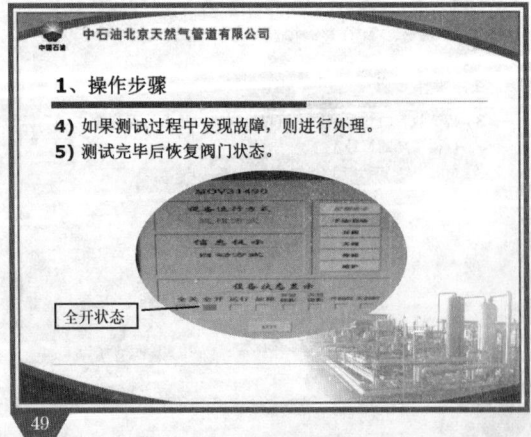

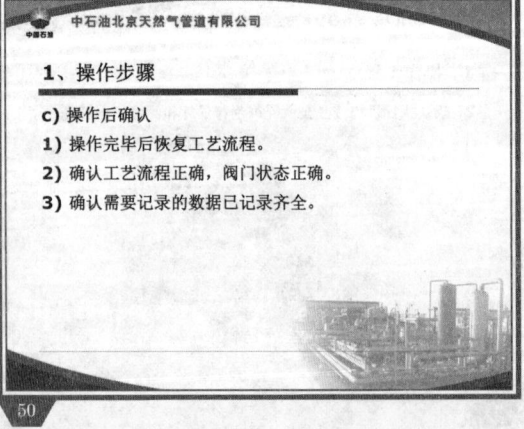

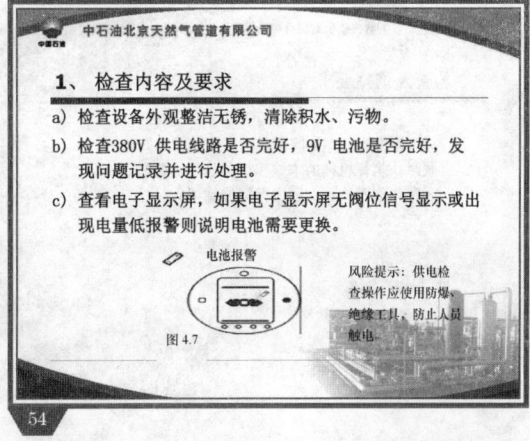

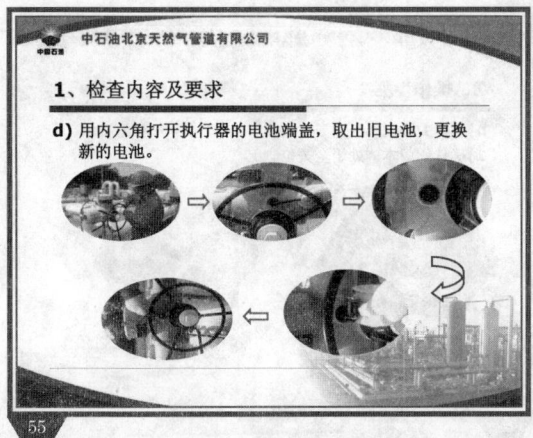

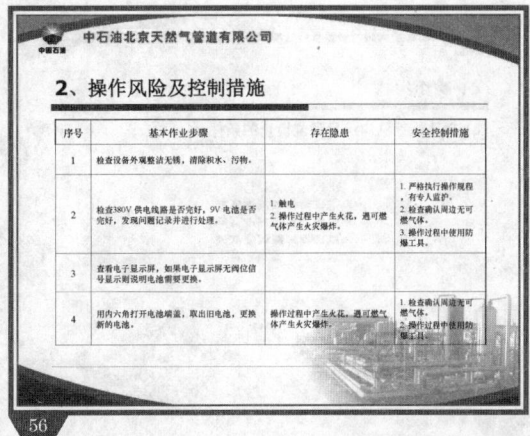

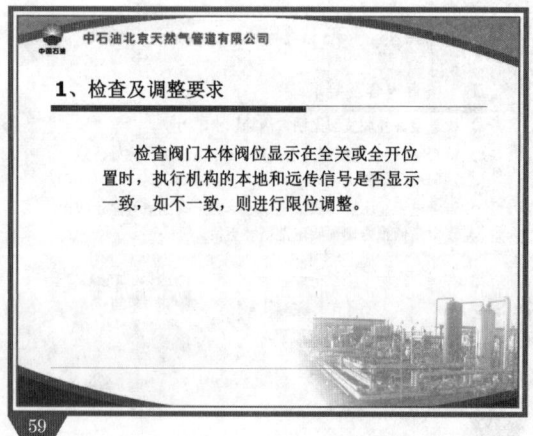

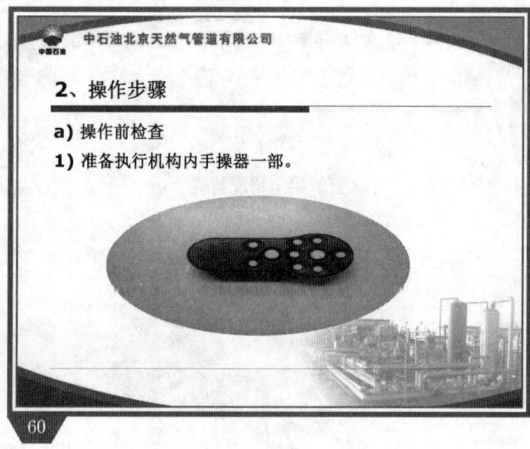

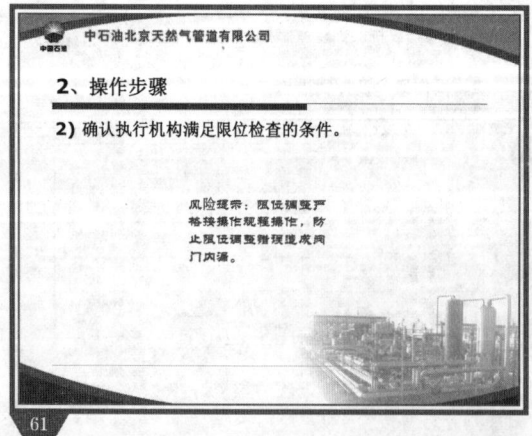

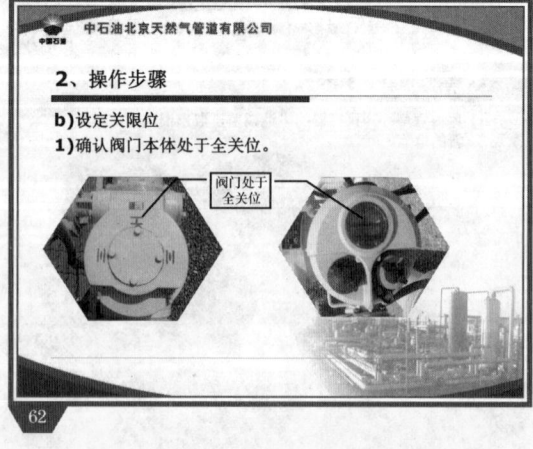

第三章 培训课件编制

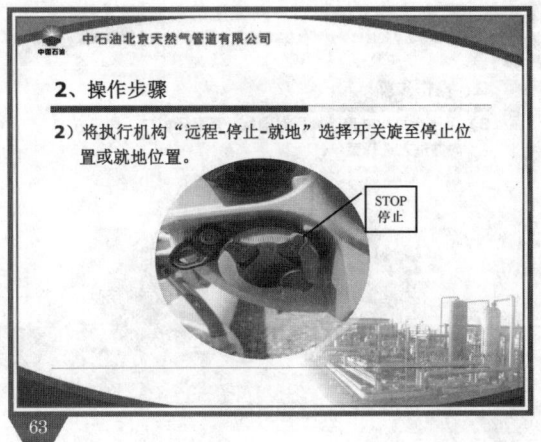

2、操作步骤

2) 将执行机构"远程-停止-就地"选择开关旋至停止位置或就地位置。

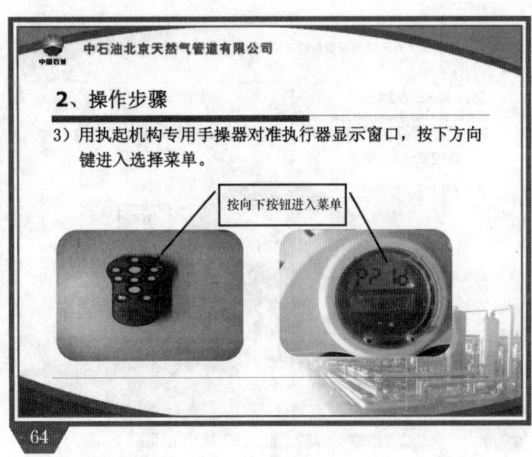

2、操作步骤

3) 用执起机构专用手操器对准执行器显示窗口,按下方向键进入选择菜单。

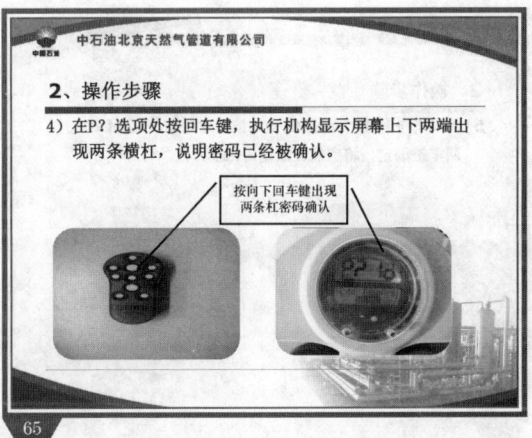

2、操作步骤

4) 在P?选项处按回车键,执行机构显示屏幕上下两端出现两条横杠,说明密码已经被确认。

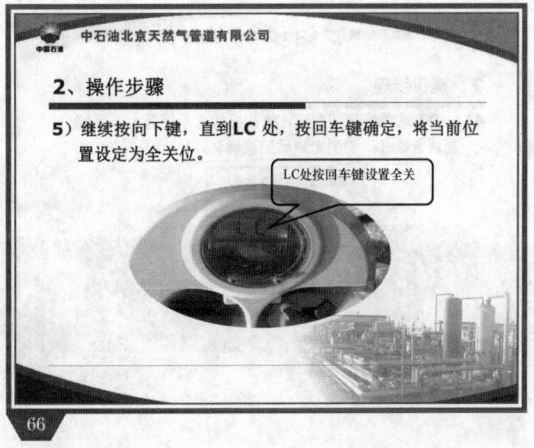

2、操作步骤

5) 继续按向下键,直到LC处,按回车键确定,将当前位置设定为全关位。

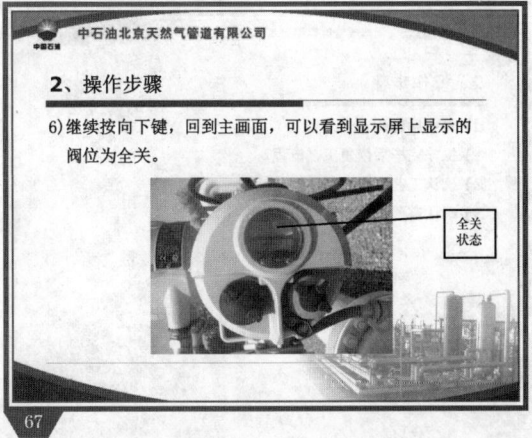

2、操作步骤

6) 继续按向下键,回到主画面,可以看到显示屏上显示的阀位为全关。

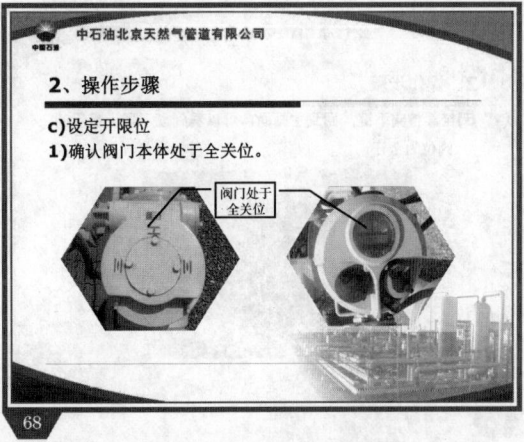

2、操作步骤

c) 设定开限位
1) 确认阀门本体处于全关位。

2、操作步骤

2）将执行机构"远程-停止-就地"选择开关旋至停止位置或就地位置。

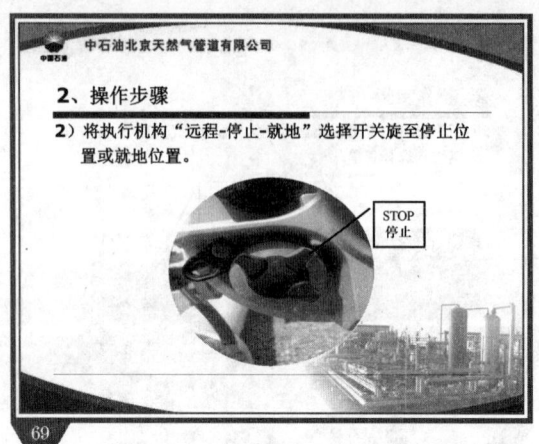

2、操作步骤

3）用执行机构专用手操器对准执行器显示窗口，按下方向键进入选择菜单。

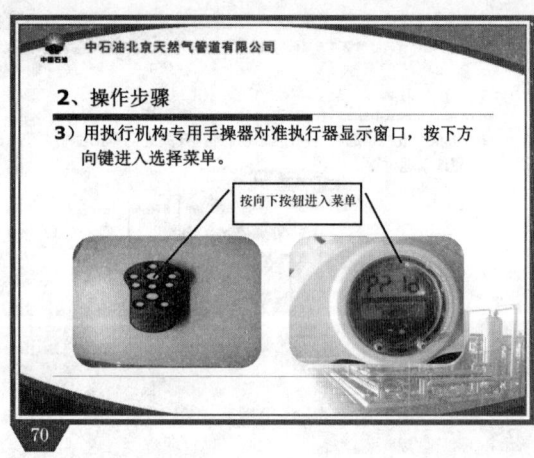

2、操作步骤

4）在P?选项处按回车键，执行机构显示屏幕上下两端出现两条横杠，说明密码已经被确认。

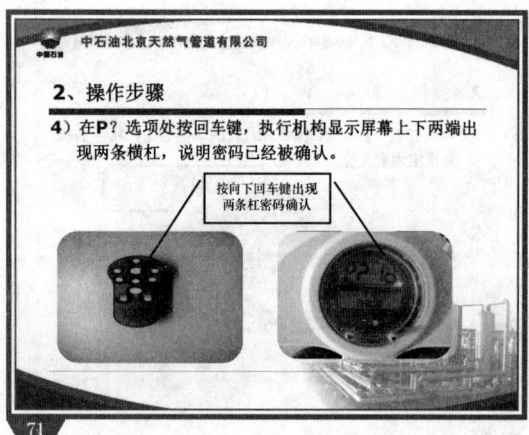

2、操作步骤

5）继续按向下键，直到**LC**处，按右方向键，显示**LO**，按回车键确定，将当前位置设定为全开位。

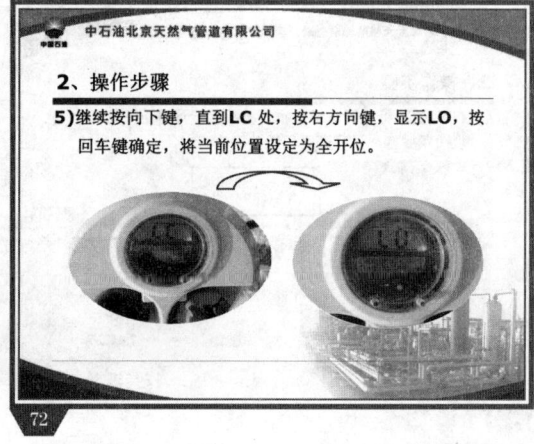

2、操作步骤

6）继续按向下键，回到主画面，可以看到显示屏上显示的阀位为全开。

2、操作步骤

d) 操作后确认
1) 操作完毕后恢复工艺流程。
2) 确认工艺流程正确，阀门状态正确。
3) 确认需要记录的数据已记录齐全。

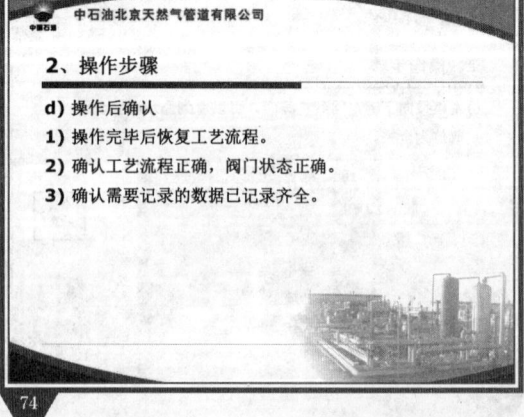

（七）执行机构输出扭矩调整

1、输出扭矩调整要求

执行机构输出扭矩宜设定到执行机构最大输出扭矩的 60%～70%。

2、操作步骤

a) 将执行机构切换到手动状态。
b) 手动转动执行机构手轮，检查判断是否是由于阀门本体造成的过扭矩，还是力矩检测电路故障。

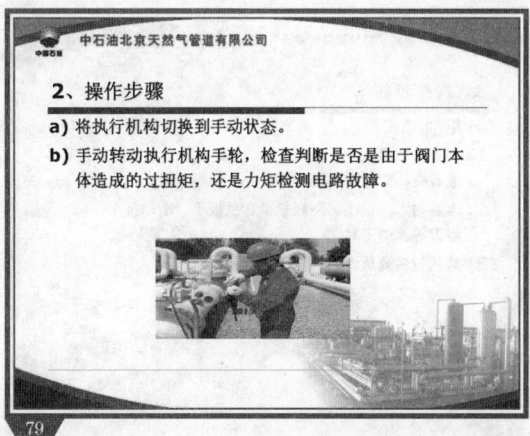

2、操作步骤

c) 若手轮可以驱动阀门动作，用专用手操器改变执行机构内部设置 TC 或 TO 值来增大扭值。
d) 然后电动操作执行机构，动作阀门。查看是否还有过扭矩报警。
e) 若仍然报警重复上一步骤直到报警消失（不建议增加值超过 10% 扭矩，可能损伤阀杆）。
f) 若过扭矩报警始终存在，由专业人员检查力矩检测电路是否正常并及时更换。
g) 若手动操作不能驱动阀门动作，则进一步检查阀门卡阻故障原因。

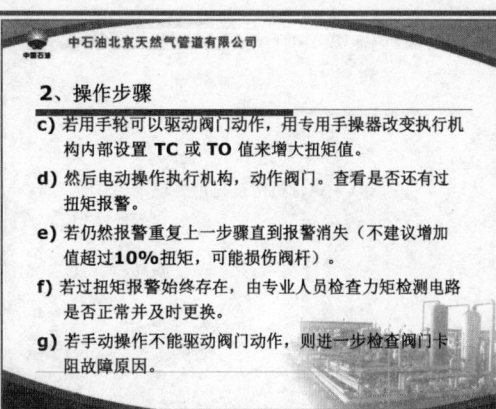

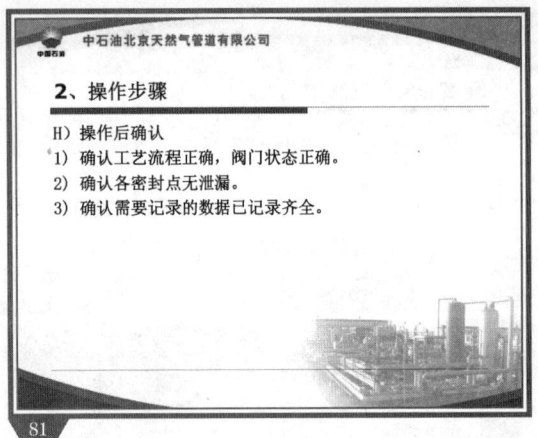

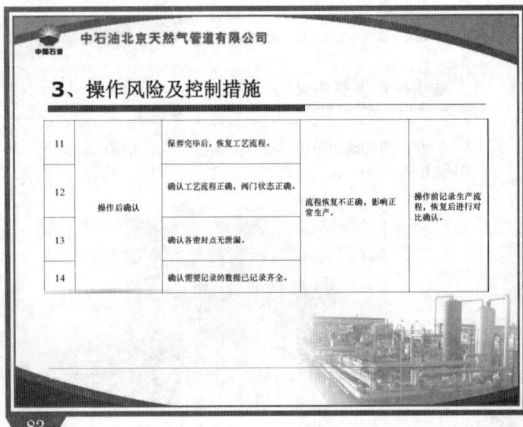

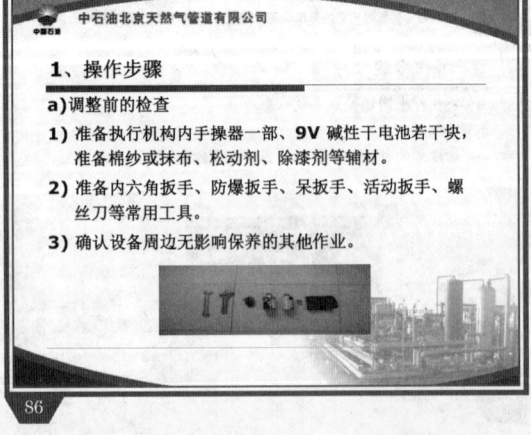

第三章 培训课件编制

中石油北京天然气管道有限公司

1、操作步骤

b) 调整力矩的操作

1) 将执行机构切换到手动状态。
2) 手动转动执行机构手轮，检查判断是否是由于阀门本体造成的过扭矩，还是力矩检测电路故障。

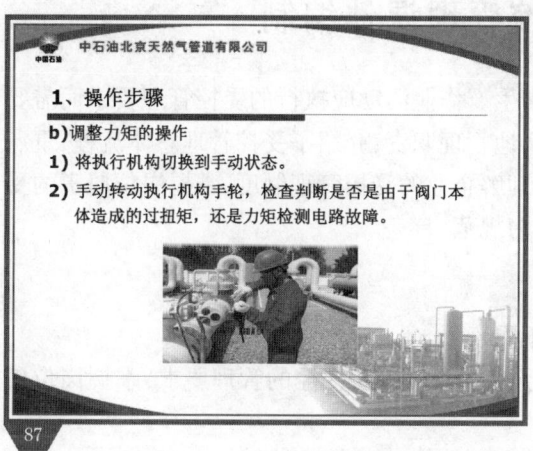

中石油北京天然气管道有限公司

1、操作步骤

3) 若用手轮可以驱动阀门动作，用专用手操器改变执行机构内部设置 TC 或 TO 值来增大扭矩值。
4) 然后电动操作执行机构，动作阀门。查看是否还有过扭矩报警。
5) 若仍然报警重复上一步骤直到报警消失（不建议增加值超过10%扭矩，可能损伤阀杆）。
6) 若过扭矩报警始终存在，由专业人员检查力矩检测电路是否正常并及时更换。
7) 若手动操作不能驱动阀门动作，则进一步检查阀门卡阻故障原因。

中石油北京天然气管道有限公司

1、操作步骤

c) 操作后确认

1) 保养完毕后，恢复工艺流程。
2) 确认工艺流程正确，阀门状态正确。
3) 确认各密封点无泄漏。
4) 确认需要记录的数据已记录齐全。

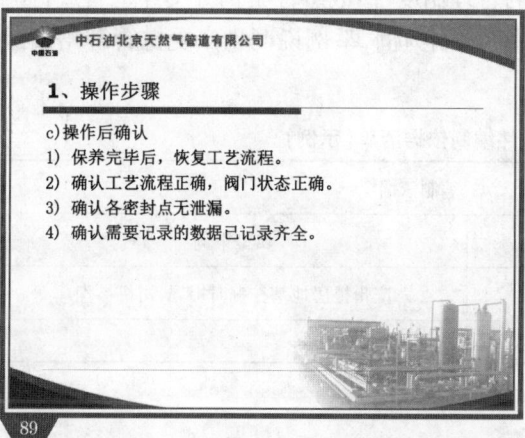

中石油北京天然气管道有限公司

2、操作风险及控制措施

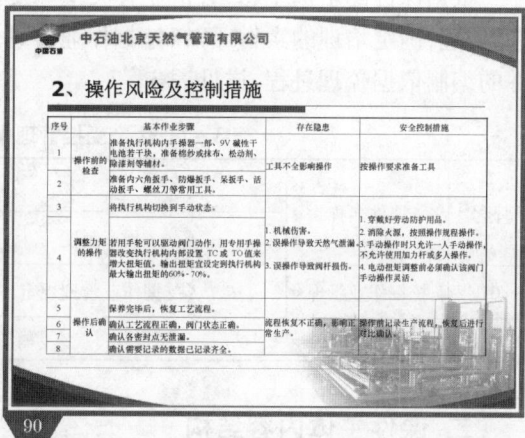

中石油北京天然气管道有限公司

3、应急处置

中石油北京天然气管道有限公司

问题讨论与总结

第四节　生产受控管理课件编制

生产受控管理课件是针对基层岗位员工日常生产作业活动应执行的受控管理要求而需要培训的内容。本类培训课件立足于员工岗位的属地管理职责,介绍了受控管理总体流程,重点培训与员工岗位相关的受控管理内容,帮助员工理解企业的受控管理制度,掌握岗位履责的受控管理要求和安全环保技能,形成良好的安全行为规范。

一、培训课件编制依据

生产受控管理课件编制的主要依据包括但不限于:

(1)企业有关生产受控的管理制度,使员工了解企业对生产受控的管理要求,掌握岗位属地管理职责。

(2)生产作业过程中常见问题示例分析或典型事故事件案例展示。

根据课件的培训主题,对企业有关生产受控的管理制度、事故事件案例等文件资料进行筛选、梳理,确定培训的素材。以《挖掘作业管理》课件编制为例,举例说明生产受控管理培训课件的编制依据梳理过程,详见表3-7。

表3-7　生产受控管理类课件编制依据清单(示例)

序号	课件名称	编制依据	
		规章制度	典型案例
01	挖掘作业管理	《挖掘作业管理规定》	广州楼房地基挖掘时坍塌,司机被埋
……			

二、课件主体内容结构

生产受控管理课件的编制应符合总体框架要求,其中主体内容包括但不限于:

(1)受控管理项目涉及的基本定义和术语。

(2)对于流程性的受控管理制度进行概况性总述,让员工对管理流程有全局性认识。

(3)岗位员工应执行的受控管理要求。

三、课件主体内容编制

围绕生产受控管理流程,生产受控管理课件的主体内容应侧重于基层站队岗位员工需要执行的受控管理要求。

现以《挖掘作业管理》课件为例,对生产受控管理课件主体内容的编制要求进行示范说明,如图3-10所示。

1. 挖掘作业的定义和相关概念

简述挖掘作业的定义和挖沟作业、沟槽、基坑、放坡、边坡支护等相关概念,使员工能够了解挖掘作业,熟知挖掘作业的方式和可能产生的危害,如图3-11所示。

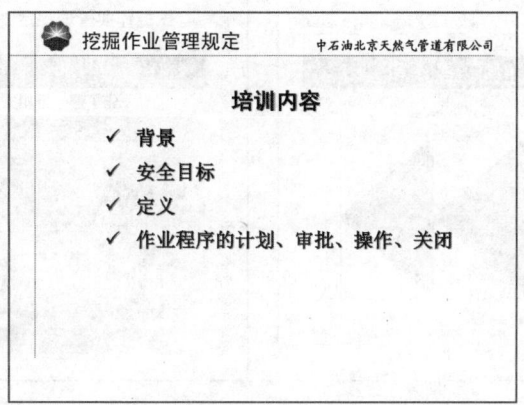

图 3-10　主要内容示例图

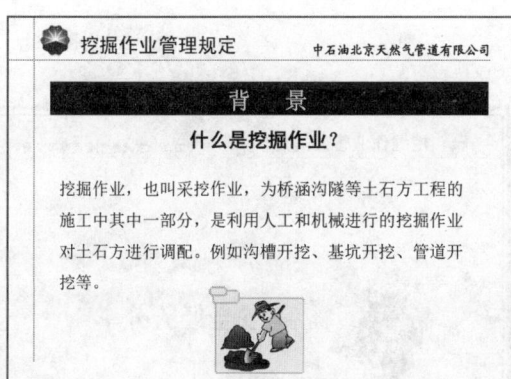

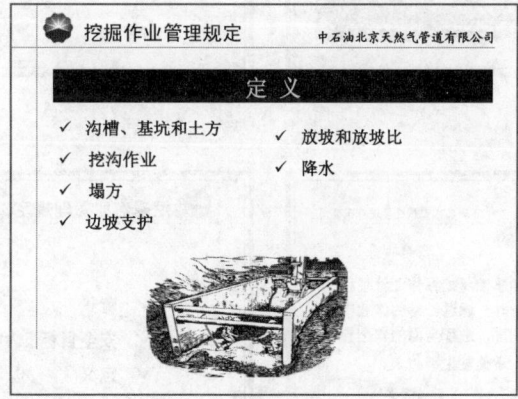

图 3-11　挖掘作业的定义和相关概念

2. 挖掘作业的受控管理要求

以图片和文字的形式对挖掘作业的受控管理要求进行描述,使员工熟知挖掘作业分级和审批权限,掌握挖掘作业的基本管理流程,如图3-12所示。

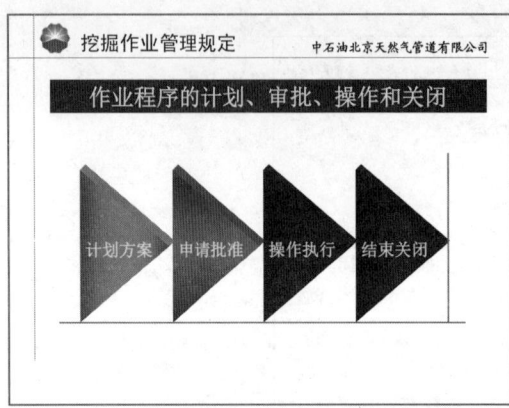 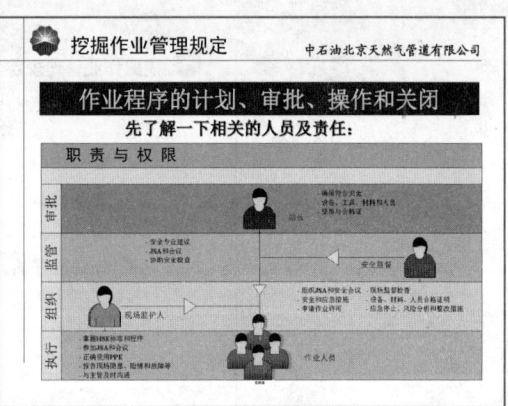

图3-12 挖掘作业的受控管理要求

四、课件编制实例

下面以《挖掘作业管理》为例,展示其课件。

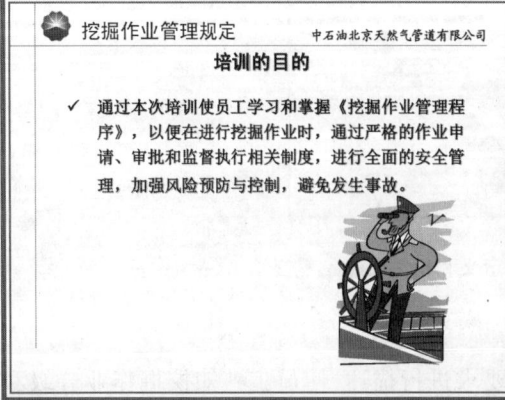 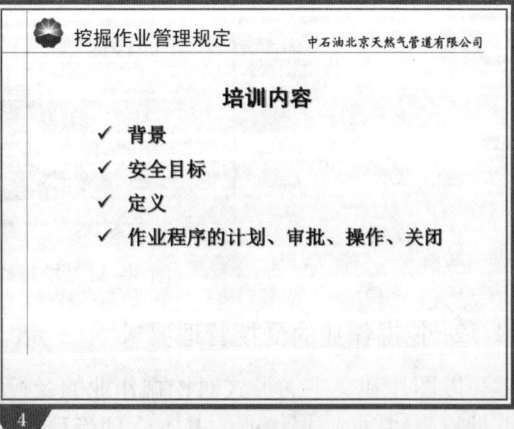

第三章 培训课件编制

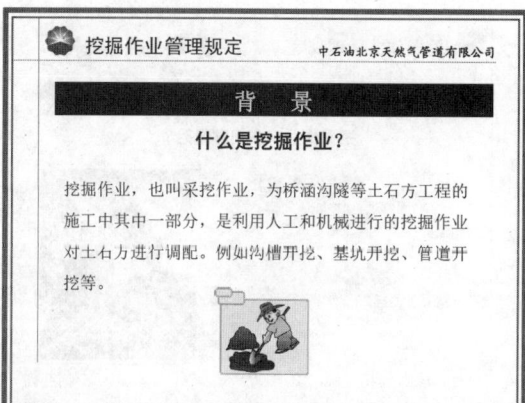

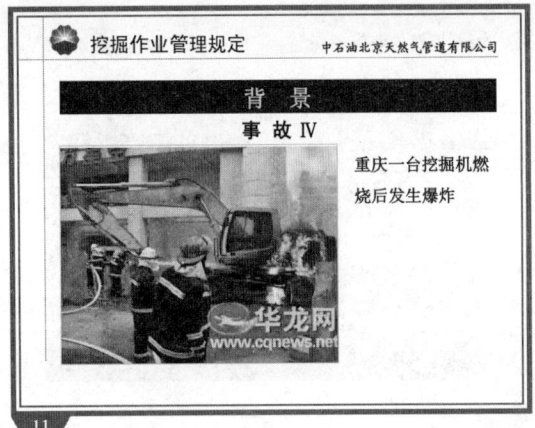

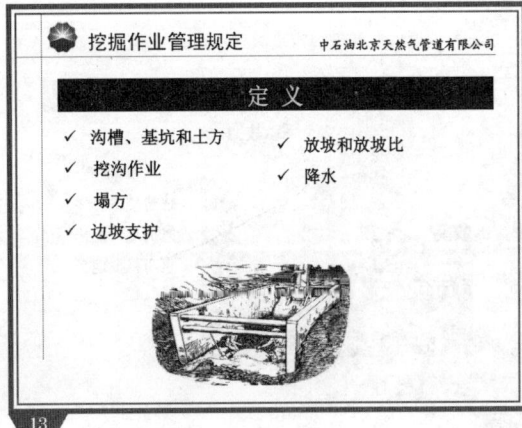
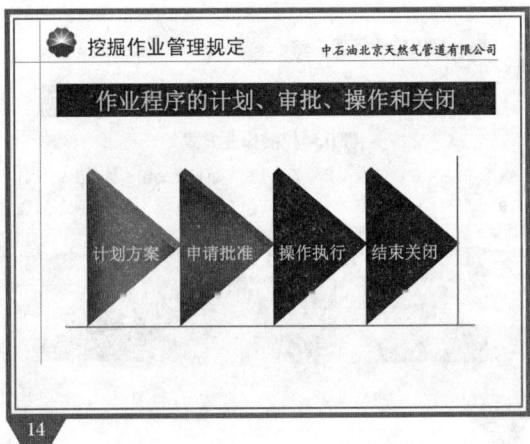
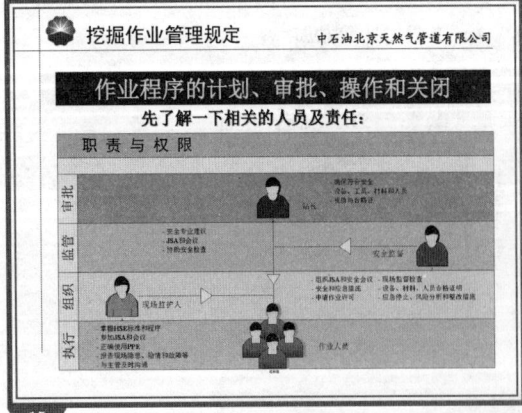
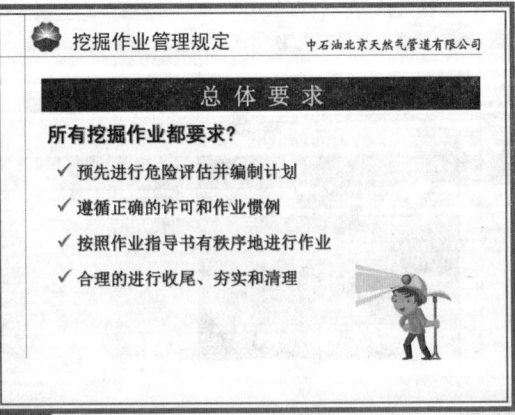

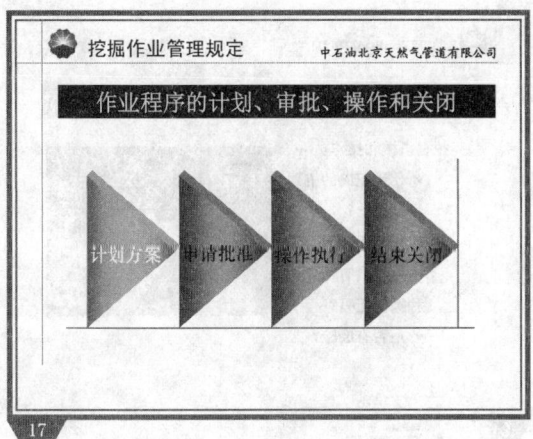

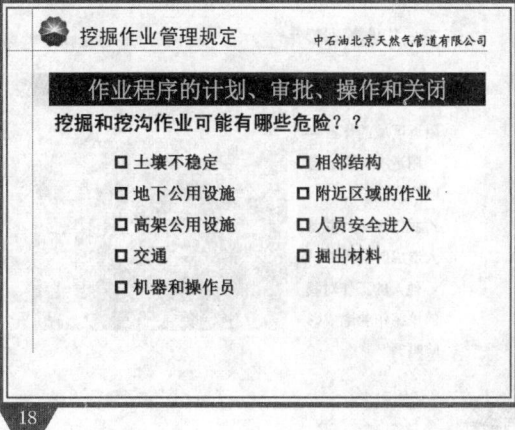

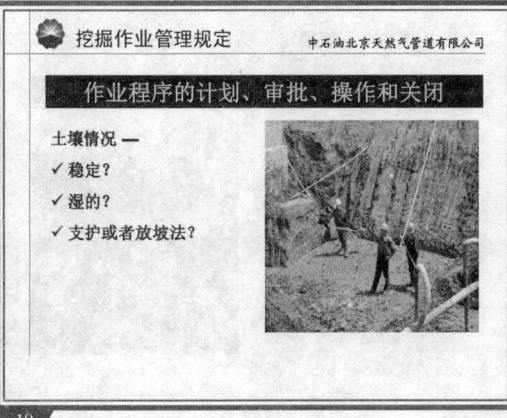

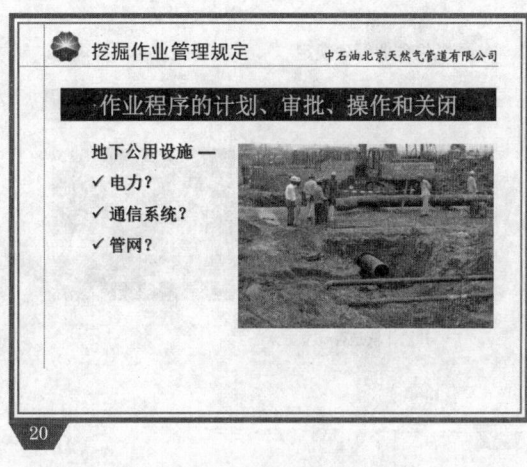

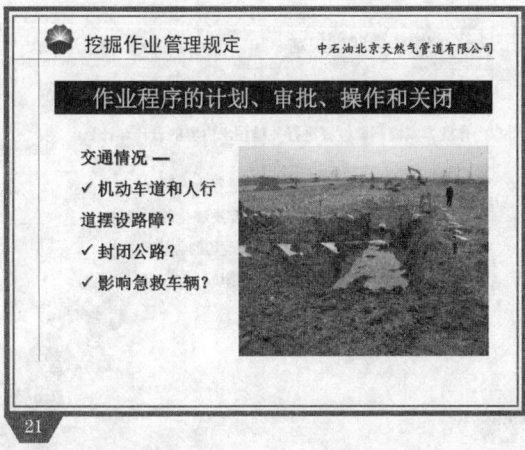

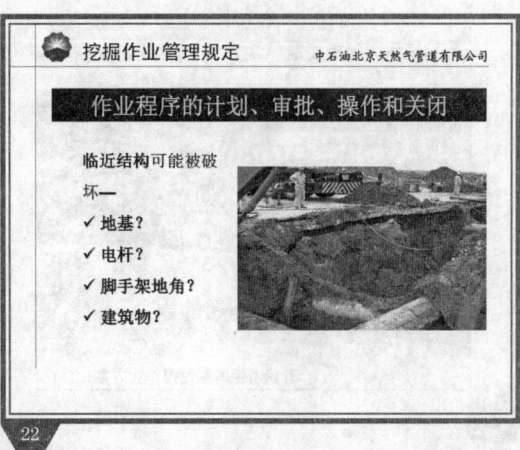

挖掘作业管理规定 — 中石油北京天然气管道有限公司

作业程序的计划、审批、操作和关闭

附近区域的作业—
- ✓ 附近有大件设备吗？
- ✓ 我的工作对其他人造成影响吗？
- ✓ 他人的工作对我的挖掘作业造成影响吗？

23

作业程序的计划、审批、操作和关闭

挖掘机械和操作员—
- ✓ 使用正确的机器进行作业？
- ✓ 初始/日常检查？
- ✓ 操作员有特殊工种操作证吗？
- ✓ 是否有经验？

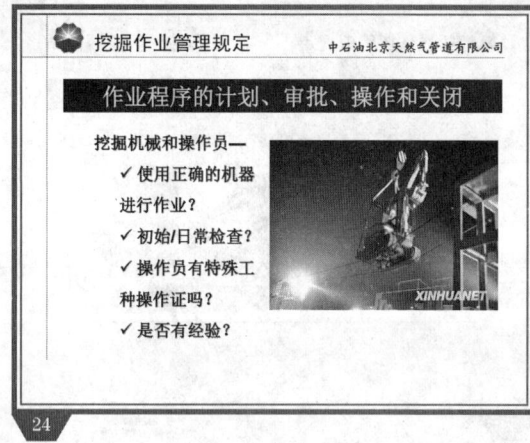

24

作业程序的计划、审批、操作和关闭

人员进入 —
- ✓ 进入人员培训？
- ✓ 有适合作业的正确的PPE？
- ✓ 进/出安全措施？
- ✓ 挖掘处是否成为封闭空间？
- ✓ 深度是否~1.2米！
- ✓ 开挖体积是否<5立方米？

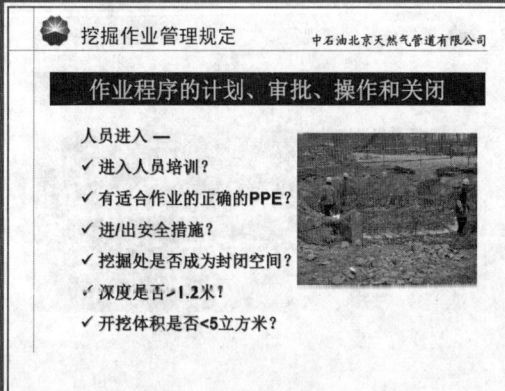

25

作业程序的计划、审批、操作和关闭

掘出材料—
- ✓ 堆土区域够大吗？
- ✓ 弃土离明沟边缘的距离够远吗？
- ✓ 外运处理？

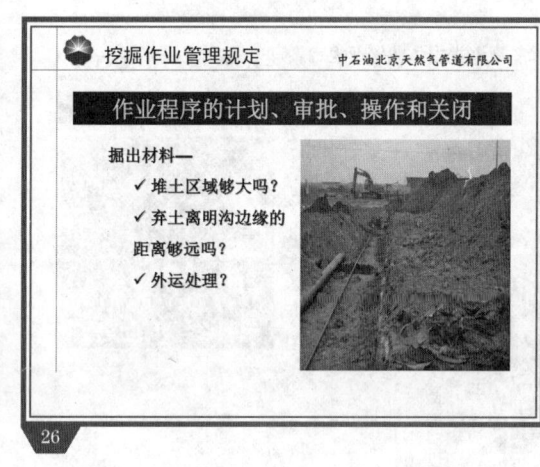

26

作业程序的计划、审批、操作和关闭

且识别了所有危险后……

开始着手编制挖掘作业方案！！！

27

作业程序的计划、审批、操作和关闭

作业方案编制前，要进行关键技术内容的设计和计算：

- ✓ 土石方施工特点
- ✓ 土质现场鉴别
- ✓ 场地平整土方量
- ✓ 基坑或基槽土方量
- ✓ 进行土方调配
- ✓ 支护和排放水设计
- ✓ 现场的测量和放线
- ✓ 基坑开挖方案

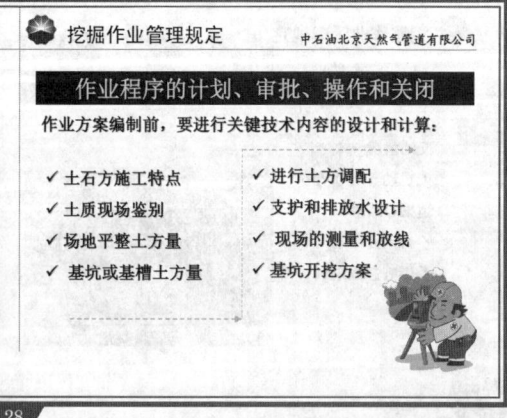

28

挖掘作业管理规定
作业程序的计划、审批、操作和关闭

任何挖掘作业都需要编制作业方案，方案的内容包括：

① 作业内容、时间、地点　⑥ 机具、设备及所需材料
② 组织机构及责任划分　　⑦ 各项安全控制措施
③ 挖掘作业步骤　　　　　⑧ 附件。
④ 作业安全分析表
⑤ 应急救援预案

挖掘作业管理规定
作业程序的计划、审批、操作和关闭

计划方案 → 申请批准 → 操作执行 → 结束关闭

挖掘作业管理规定
作业程序的计划、审批、操作和关闭

下列情况应该申请挖掘许可：
- ✓ 挖掘深度超过 0.3m；
- ✓ 可能损坏地下管道或公用设施；
- ✓ 造成其他影响（交通、附近工人、大件设备）；
- ✓ 对邻近结构的稳定性造成威胁。

挖掘作业管理规定
作业程序的计划、审批、操作和关闭

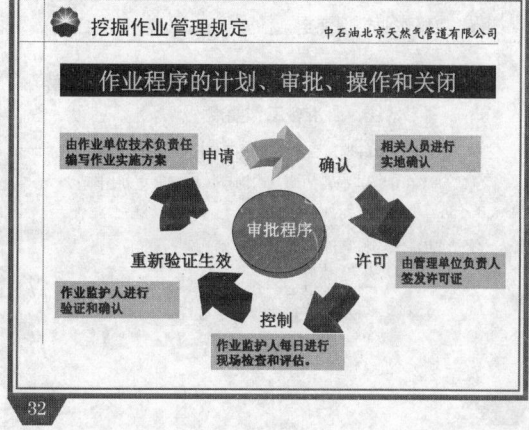

审批程序：
- 由作业单位技术负责任编写作业实施方案 → 申请
- 确认 → 相关人员进行实地确认
- 许可 → 由管理单位负责人签发许可证
- 控制 → 作业监护人每日进行现场检查和评估
- 重新验证生效 → 作业监护人进行验证和确认

挖掘作业管理规定
作业程序的计划、审批、操作和关闭

下列情况可以发放挖掘许可：
- ✓ 正确地填写了挖掘作业许可单；
- ✓ 有详细的挖掘作业方案；
- ✓ 作业风险已经被充分辨识；
- ✓ 制定了安全防范措施；
- ✓ 组织机构和人员职责明确。

挖掘作业管理规定
作业程序的计划、审批、操作和关闭

√ 作业开始前必须申请《挖掘作业许可证》，
　　　　否则不允许开始作业。

√ 挖掘深度超过 1.2m 时，
　　　　应申请《进入受限空间作业许可证》。

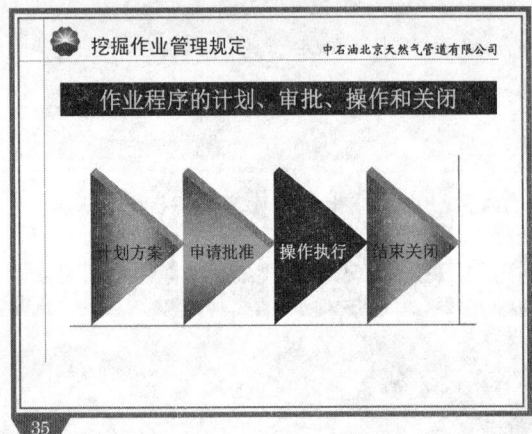
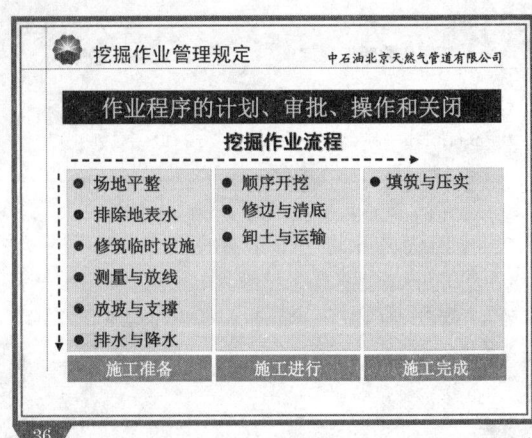
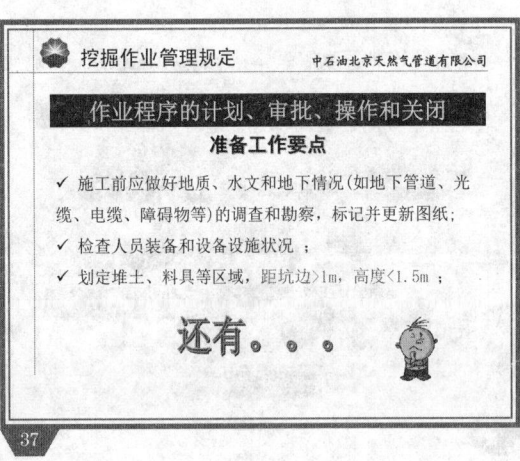

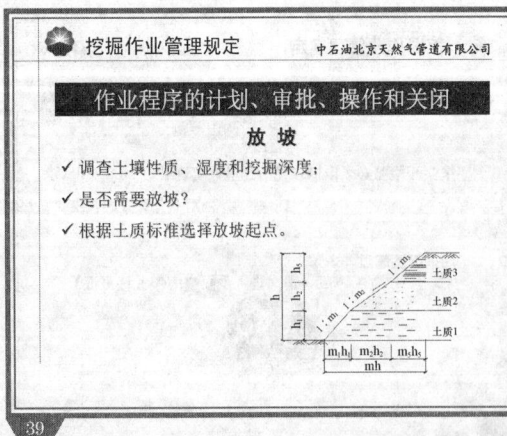
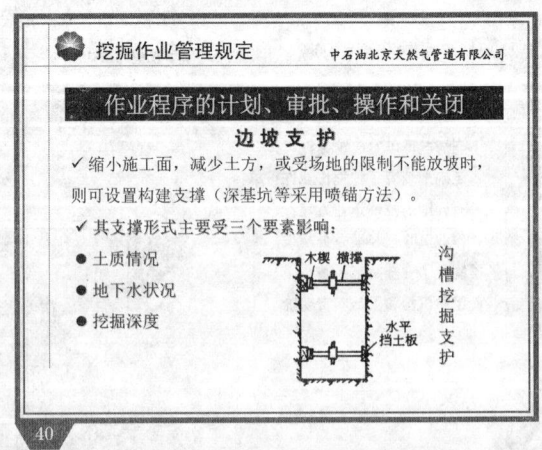

挖掘作业管理规定
作业程序的计划、审批、操作和关闭

需要进行排水与降水吗?
- ✓ 土壤的含水层常被切断,地下水将会不断地渗入坑内?
- ✓ 雨季施工时,地面水也会流入坑内?
- ✓ 靠近或对现有的小河/排水沟等造成倒灌等影响?

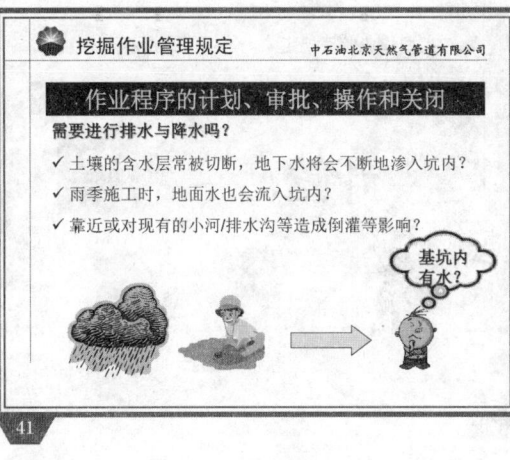

挖掘作业管理规定
作业程序的计划、审批、操作和关闭

- ✓ 采取引水槽、集水井或其他放水、排水措施,清除积水;
- ✓ 应先挖引水沟、筑防水堤或其他措施以防倒灌。

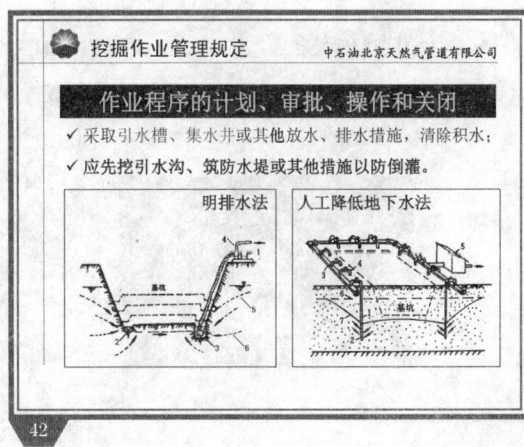

明排水法　　人工降低地下水法

挖掘作业管理规定
作业程序的计划、审批、操作和关闭

- ✓ 坑槽中有积水的危险,在没有采取足够的安全措施和排水措施之前禁止任何人员进入。
- ✓ 如果使用了排水设备,现场监护人应加强监控并确保其正常工作。

注意

挖掘作业管理规定
作业程序的计划、审批、操作和关闭

是否需要设置挖掘区安全屏障?
- ✓ 人员坠落?
- ✓ 车辆伤害?
- ✓ 行走障碍?

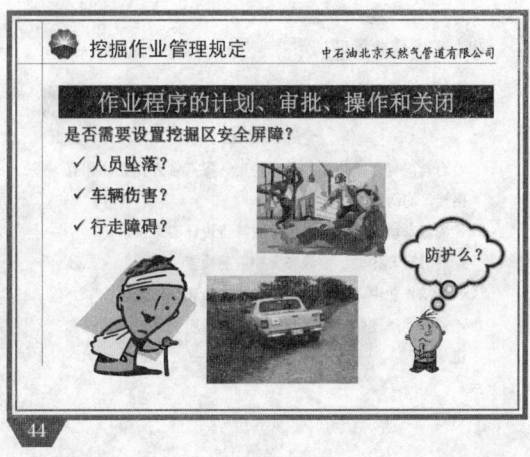

挖掘作业管理规定
作业程序的计划、审批、操作和关闭

- ✓ 容易造成损伤处,设置1m高的硬护栏;
- ✓ 在不会产生损伤处,设置1m高的软护栏划分区域。

挖掘作业管理规定
作业程序的计划、审批、操作和关闭

- ✓ 必须在显眼处设置安全警示标志牌;
- ✓ 夜间施工,在防护区域设置红色警戒灯作为防护标志。

当心坠落　　当心触电

挖掘作业管理规定 — 作业程序的计划、审批、操作和关闭

- 每隔7.5m要设置一条阶梯,使用靠梯要高出地面1m。

挖掘作业管理规定 — 作业程序的计划、审批、操作和关闭

开挖。

挖掘作业管理规定 — 作业程序的计划、审批、操作和关闭

一般安全要求

- 合理确定开挖步骤和循环进尺,保持各开挖工序相互衔接,均衡施工;
- 确保基坑和开挖断面尺寸应符合设计要求;
- 随时对开挖面、放坡和支护情况检查;
- 开挖作业中,不得损坏支护、屏障和施工设备;
- 遇到地质变化处和重要地段,对地质构造进行核对和记载。

挖掘作业管理规定 — 作业程序的计划、审批、操作和关闭

特殊安全要求

- 先布管后挖沟时,沟边与管材的净距离应≥1m,并在管下垫塞以防滚动,必要时可以锚定;
- 在焊好的管线附近开挖管沟,管沟与已焊接管平行距离不小于0.8m;
- 挖掘中暴露的光缆和管道等,应得到充分的支撑,以防因其重量而受到破坏(支撑之间的最大间隔为2m)。

挖掘作业管理规定 — 作业程序的计划、审批、操作和关闭

手工挖掘安全要求

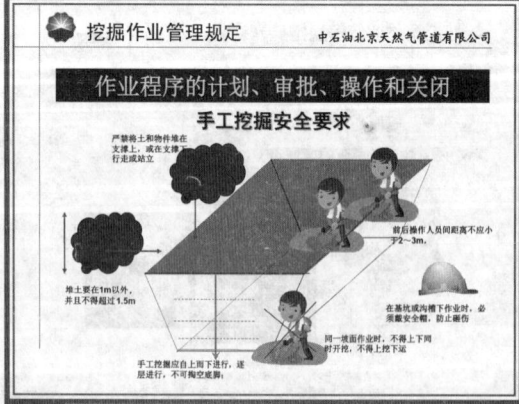

挖掘作业管理规定 — 作业程序的计划、审批、操作和关闭

手工挖掘安全要求

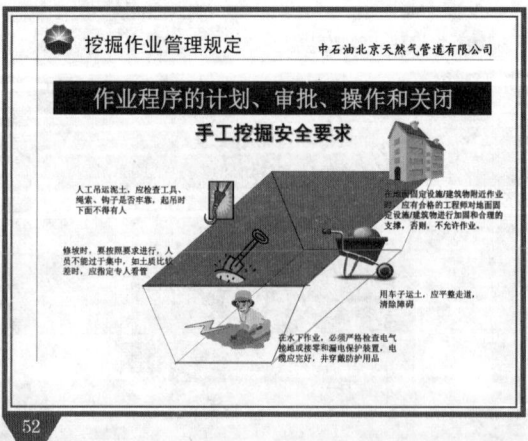

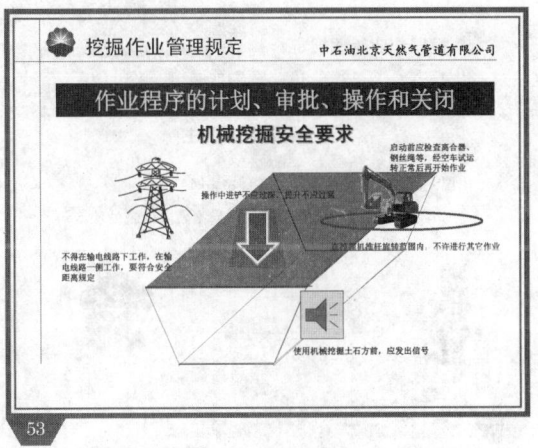
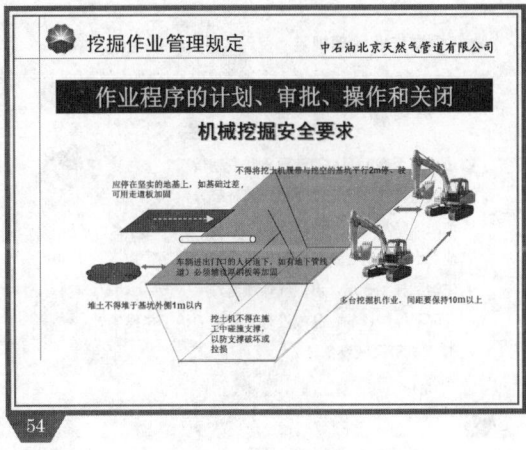

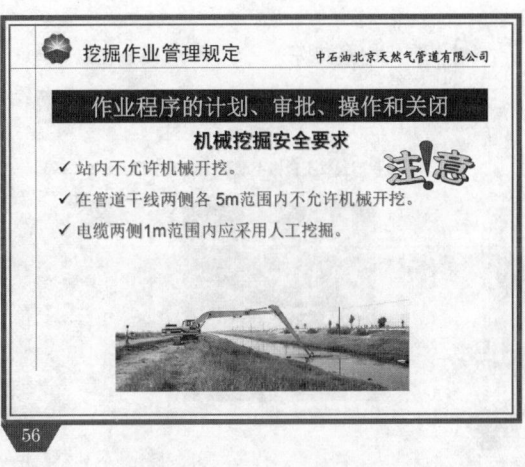
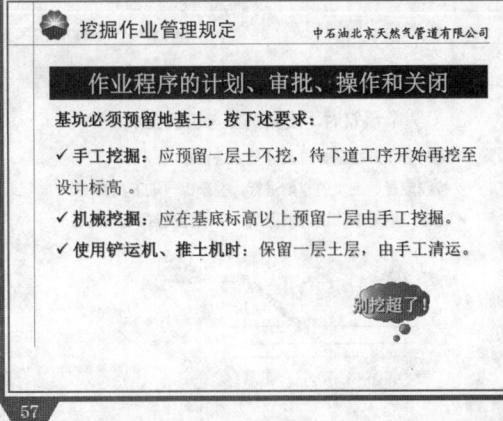
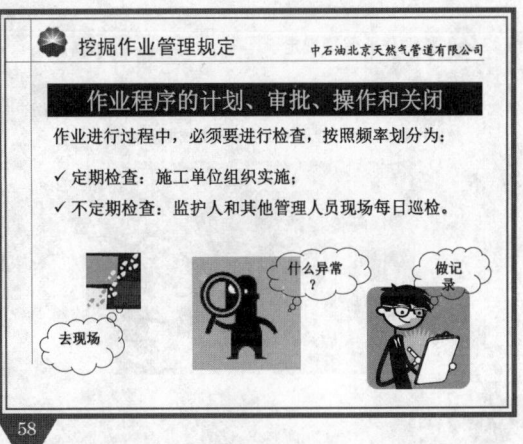

挖掘作业管理规定 — 中石油北京天然气管道有限公司

作业程序的计划、审批、操作和关闭

注意异常情况发生

- 边坡是否有大面积裂缝现象和变动情况？
- 边坡放坡或支护出现变形、移位等异常？
- 地面塌陷，或出现流砂、坎儿井等？
- 地下水渗出时，或积水超出集水井？
- 碰触到施工管道，出现气体泄漏？
- 发现不能辨认的物品或没有预见到的地下电缆等？
- 挖掘机等机械设备异常？

挖掘作业管理规定 — 中石油北京天然气管道有限公司

作业程序的计划、审批、操作和关闭

注意异常情况发生

出现上述情况，不能解决或不能确定时，必须暂停施工，报告相关领导，采取措施处理。

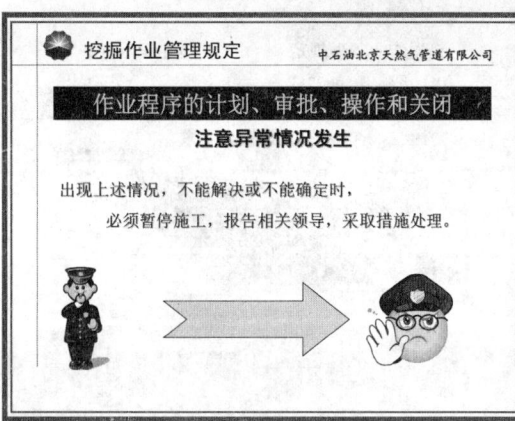

挖掘作业管理规定 — 中石油北京天然气管道有限公司

作业程序的计划、审批、操作和关闭

未经验收或验收不合格不准下一道工序作业！！

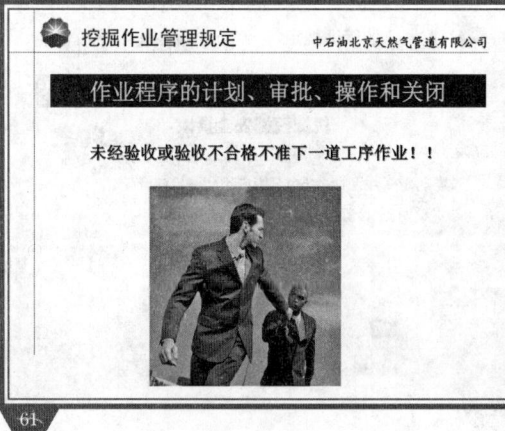

挖掘作业管理规定 — 中石油北京天然气管道有限公司

作业程序的计划、审批、操作和关闭

计划方案 → 申请批准 → 操作执行 → 结束关闭

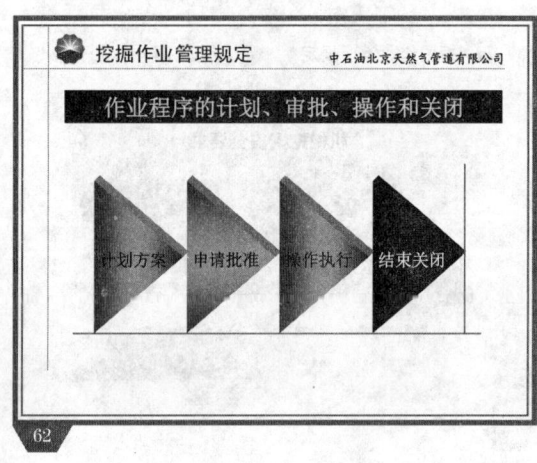

挖掘作业管理规定 — 中石油北京天然气管道有限公司

作业程序的计划、审批、操作和关闭

挖掘作业完成后，应尽快回填和压实挖掘现场。

挖掘作业管理规定 — 中石油北京天然气管道有限公司

作业程序的计划、审批、操作和关闭

填筑时，土料选择与填筑要求

- 土料必须严格选择按设计要求进行。
- 按照逐层、逐步的原则进行，并预留一定下沉高度。
- 在地下电缆或管道附近回填，必须得到监护人确认。

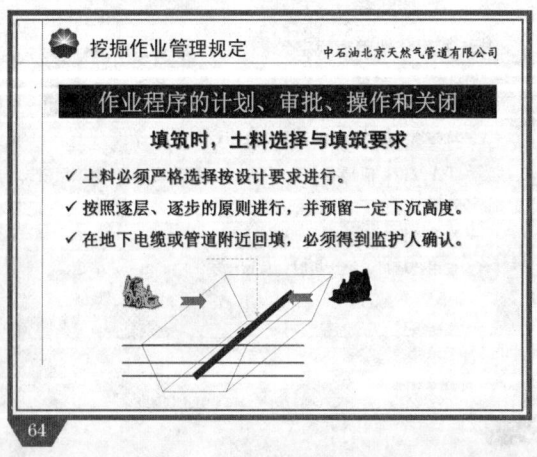

第五节 HSE 理念、方法与工具课件编制

HSE 理念、方法与工具是根据企业 HSE 管理体系推进需要而设定的培训项目,是识别岗位危害、落实控制措施、提高员工意识、规范员工行为的重要手段。针对采油操作工岗位 HSE 培训矩阵,开发 HSE 理念、方法与工具类培训课件,能够使员工了解企业内部相关 HSE 愿景、要求,提高员工 HSE 技能。

一、课件编制依据

HSE 理念、方法与工具培训课件编制的主要依据包括但不限于:法律法规,国家、行业标准,企业内企业标准及转化的相应制度和政策性文件资料等。

根据课件的培训主题,对 HSE 理念、方法与工具相关的法律法规、标准、规章制度以及相关资料进行筛选、梳理,确定培训素材。

二、课件主体内容结构

HSE 理念、方法与工具类课件的编制应符合总体框架要求,其中培训主体内容包括但不限于:

(1) HSE 管理理念、方法与工具的实施目的。
(2) HSE 管理理念、方法与工具的含义。
(3) HSE 管理理念、方法与工具的管理要求、实施方法和注意事项等。
(4) HSE 管理理念、方法与工具的作用。

三、课件主体内容编制

为使课件编制人更好地将 HSE 理念、方法与工具这一概念的具体内容融入课件中,更好地理解、把握编写架构和内容,掌握编写方式和技巧,让 HSE 理念、方法与工具类课件更加规范,现以《工作循环分析》课件为例,对 HSE 理念、方法与工具类课件的主体内容的编制要求进行示范说明,如图 3-13 所示。

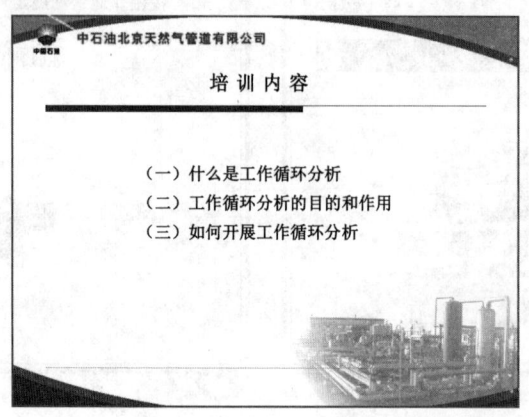

图 3-13　主体内容示例

1. 工作循环分析的定义、目的和作用

让员工清楚工作循环分析是通过现场评估的方式对已制定的操作规程和员工实际操作行为进行分析和评价的一种方法。开展工作循环分析的目的和作用在于验证操作规程的准确性、完整性和适用性,促进操作人员对操作规程的理解和掌握,改善员工被动执行操作规程的局面,增加操作主管与操作人员沟通、减少违章、减少事故等,如图 3-14 所示。

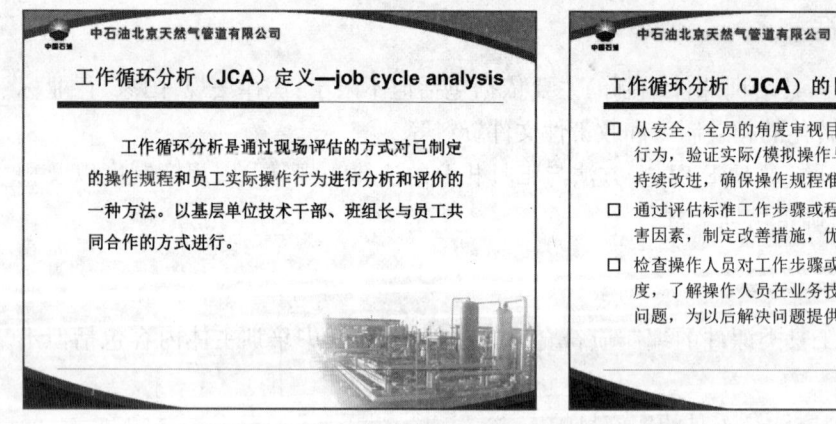

图 3-14　工作循环分析的定义、目的和作用

2. 如何进行作业安全分析

本部分主要让员工了解如何进行工作循环分析,如图 3-15 所示。

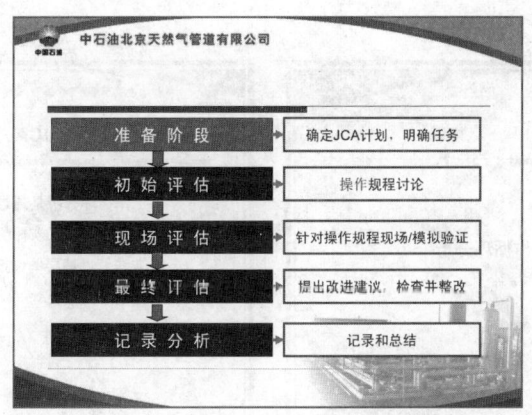

图 3-15　如何进行工作循环分析

四、课件编制实例

下面以《工作循环分析》为例,展示其课件。

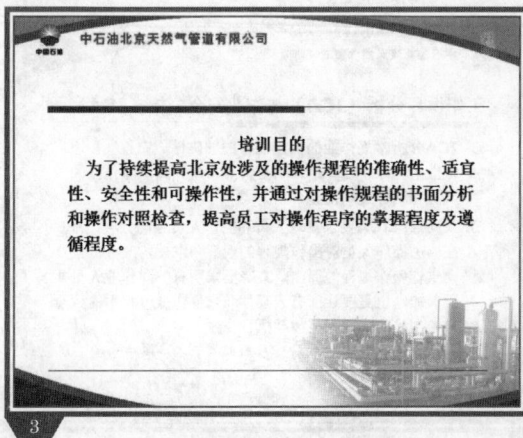

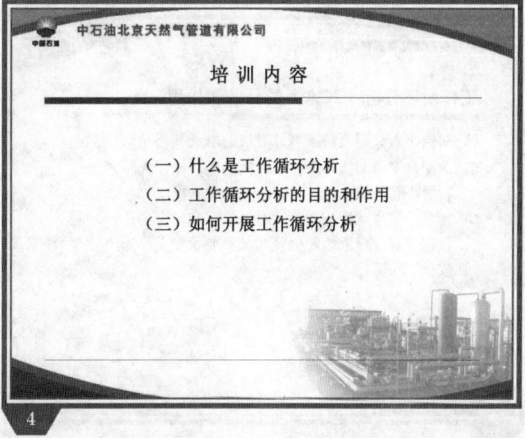

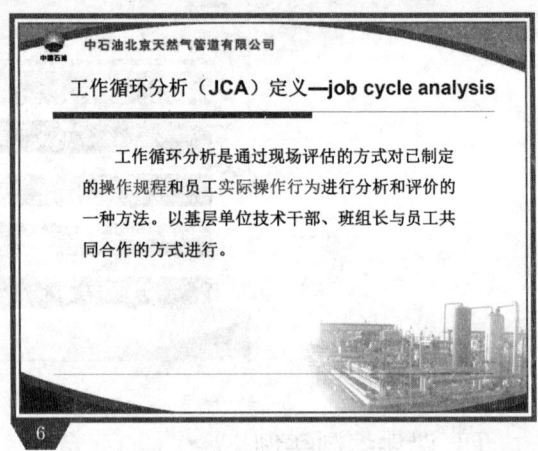

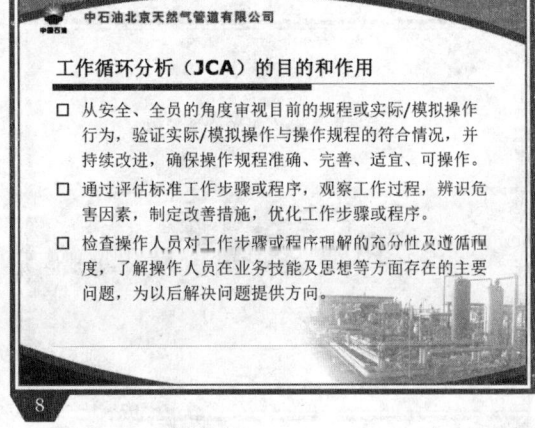

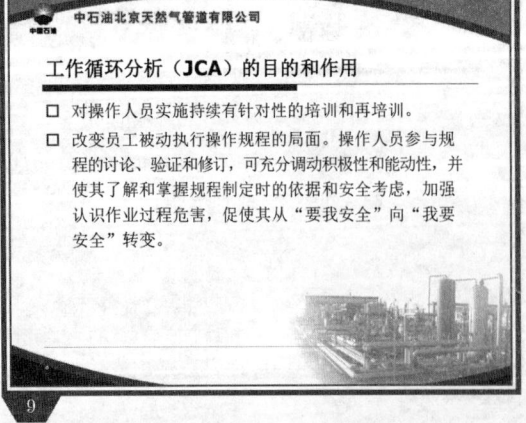

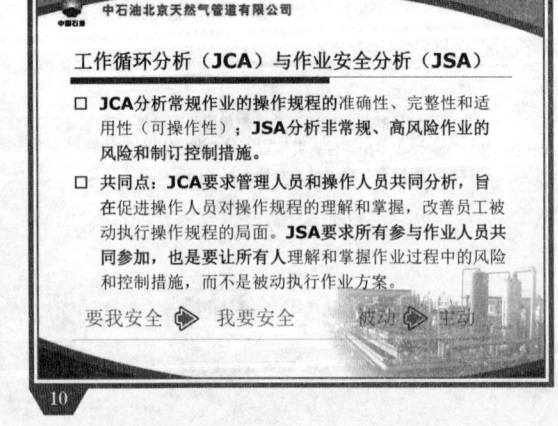

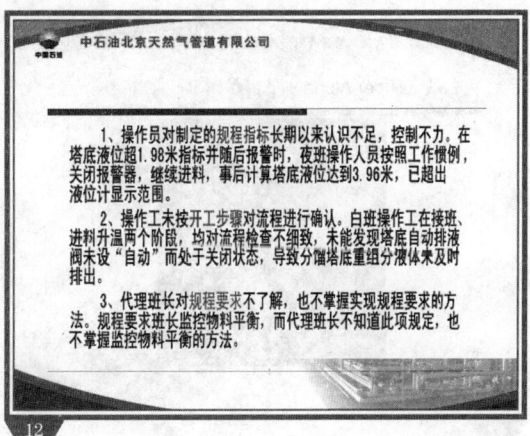

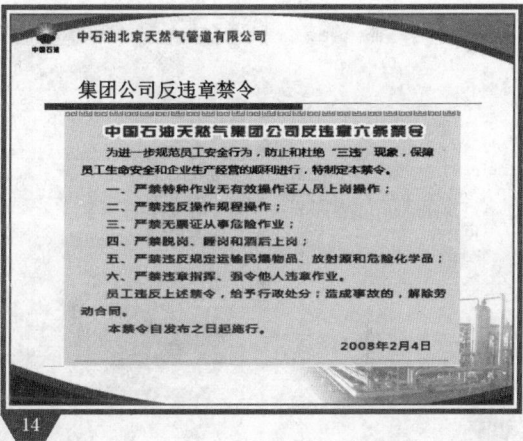

阿尔法（Piper Alpha）平台爆炸事故

- 西方石油公司英国北海海域帕尔波·阿尔法（Piper Alpha）平台爆炸事故是世界海洋石油工业史上最大的一次悲惨事故，它震惊了英国，震动了世界海洋石油界，造成巨大损失和人员伤亡。
- 1988年7月6日22时，英国北海阿尔法平台天然气生产平台发生爆炸，约22时20分气体立管发生破裂再次发生大爆炸，其后又发生一系列爆炸，整个平台结构坍塌，倒入海中，当时平台上共226人，其中165人死亡，61人生还，造成巨大人员伤亡和经济损失。

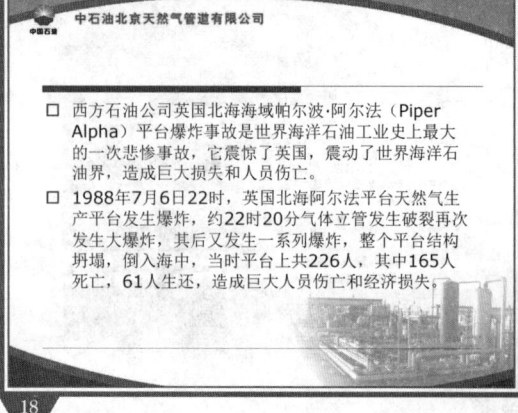

- 平台基本情况
- 平台位于阿伯丁东北部110英里，设计能力为每天25万桶原油。周围有claymore、tartan、MCP-CI等平台。Piper平台于1976年开始生产，至事故发生时，有11个模块，其中A、B、C、D四个生产模块分别为井口、生产分离器、气体压缩机、电站和各种设备模块。

事故概况

- 1988年7月6日21时31分，英国北海油田的帕尔波·阿尔法石油平台一侧的中部，天然气压缩间上方不远的职工宿舍里，下了白班的工人们正在休息，突然一声巨响，平台的天然气压缩间发生爆炸，整个平台顿时一片黑暗，接着又燃起了冲天大火。事故发生得非常突然，仅几十秒钟，大火便吞噬了整座平台。人们不仅来不及放下救生艇，甚至几乎没有时间发出求救信号。20分钟后发生第二次爆炸，其强度比第一次爆炸高几倍，彻底摧毁了阿尔法平台。直到27分钟后，阿伯丁海岸警备队才从另一艘船得到帕尔波·阿尔法石油平台发生爆炸的消息。

事故概况

- 22时过后不久，距离平台最近的救援供应船"塔罗斯号"最先驶向现场，接着几处空军基地的直升飞机也纷纷赶往出事地点，至7日晨，共有十几艘船和数十架飞机赶到现场参加救援。然而，由于石油平台上浓烟滚滚，火势很猛，无法接近，救援船只无奈，只好在附近打捞冒险跳入大海逃生的工人并搜寻罹难者的尸体。扑救人员在连续同海浪、狂风搏斗7天后，才最终将大火扑灭。
- 受事故影响，帕尔波·阿尔法平台周围的5个平台停止生产，仅此事故便使英国北海油田减产12%。

事故原因

（1）一台冷冻液的泵(备用泵)上午维修保养，同时这台泵连接的一个安全阀也需要更换。(在较远的区)

（2）维修人员开票（作业票1）维护泵。清空了该泵，另一组人员开票（作业票2）拆卸了安全阀，临时用盲板堵住法兰口。

（3)、维修泵的工作完成。安全阀暂时未有新的，所以待第二天再装。因为是备用泵，所以没有使用的问题。

（4）夜间开启另一台冷冻液泵，发现该台不久之后无法正常运转，而石油平台上冷冻液槽内累积的冷冻液不及时输出就会存满，甚至不得不停止钻油作业。

第三章 培训课件编制

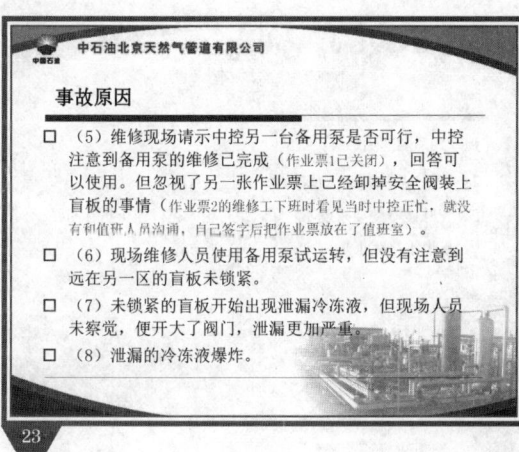

事故原因

- （5）维修现场请示中控另一台备用泵是否可行，中控注意到备用泵的维修已完成（作业票1已关闭），回答可以使用。但忽视了另一张作业票上已经卸掉安全阀装上盲板的事情（作业票2的维修工下班时看见当时中控正忙，就没有和值班人员沟通，自己签字后把作业票放在了值班室）。
- （6）现场维修人员使用备用泵试运转，但没有注意到远在另一区的盲板未锁紧。
- （7）未锁紧的盲板开始出现泄漏冷冻液，但现场人员未察觉，便开大了阀门，泄漏更加严重。
- （8）泄漏的冷冻液爆炸。

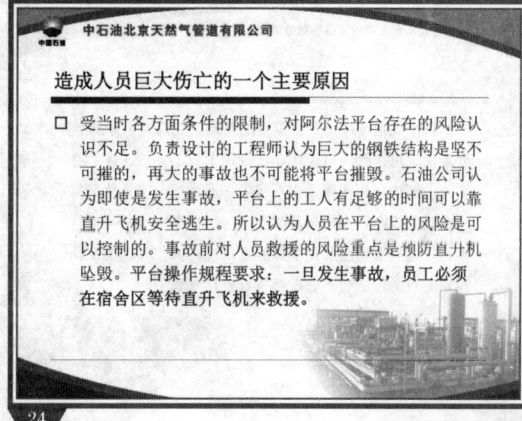

造成人员巨大伤亡的一个主要原因

- 受当时各方面条件的限制，对阿尔法平台存在的风险认识不足。负责设计的工程师认为巨大的钢铁结构是坚不可摧的，再大的事故也不可能将平台摧毁。石油公司认为即使是发生事故，平台上的工人有足够的时间可以靠直升飞机安全逃生。所以认为人员在平台上的风险是可以控制的。事故前对人员救援的风险重点是预防直升机坠毁。平台操作规程要求：一旦发生事故，员工必须在宿舍区等待直升飞机来救援。

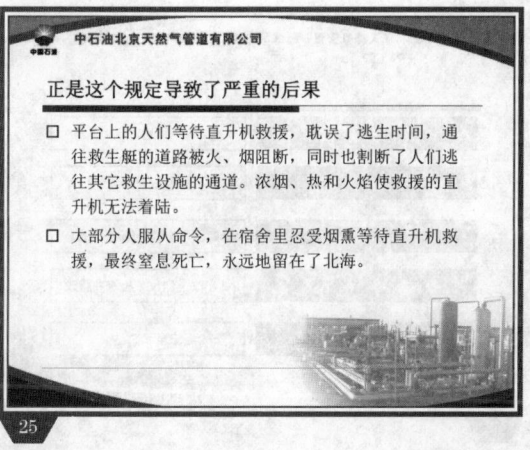

正是这个规定导致了严重的后果

- 平台上的人们等待直升机救援，耽误了逃生时间，通往救生艇的道路被火、烟阻断，同时也割断了人们逃往其它救生设施的通道。浓烟、热和火焰使救援的直升机无法着陆。
- 大部分人服从命令，在宿舍里忍受烟熏等待直升机救援，最终窒息死亡，永远地留在了北海。

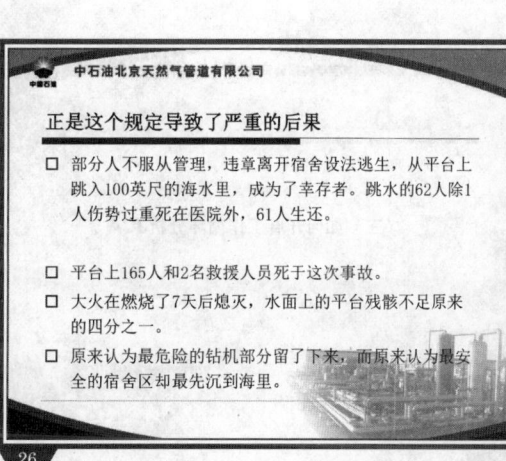

正是这个规定导致了严重的后果

- 部分人不服从管理，违章离开宿舍设法逃生，从平台上跳入100英尺的海水里，成为了幸存者。跳水的62人除1人伤势过重死在医院外，61人生还。
- 平台上165人和2名救援人员死于这次事故。
- 大火在燃烧了7天后熄灭，水面上的平台残骸不足原来的四分之一。
- 原来认为最危险的钻机部分留了下来，而原来认为最安全的宿舍区却最先沉到海里。

- 大家什么感想？

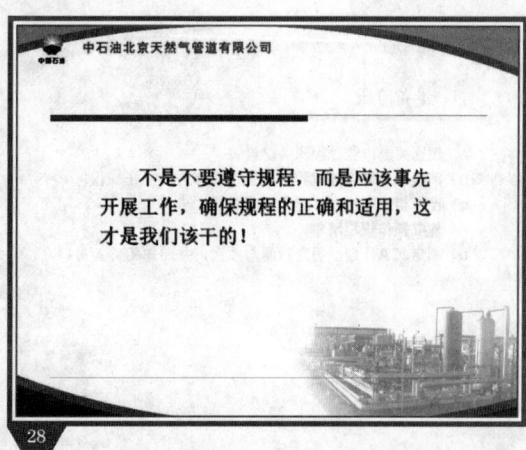

不是不要遵守规程，而是应该事先开展工作，确保规程的正确和适用，这才是我们该干的！

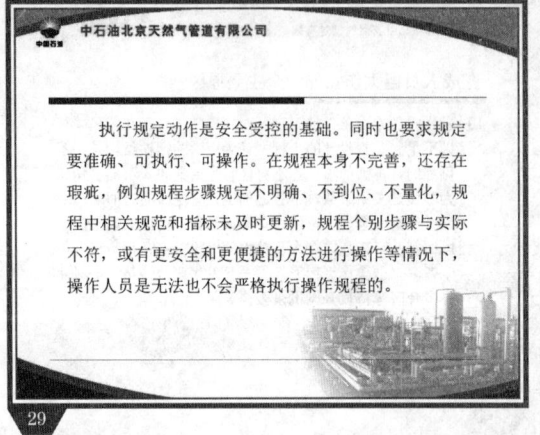
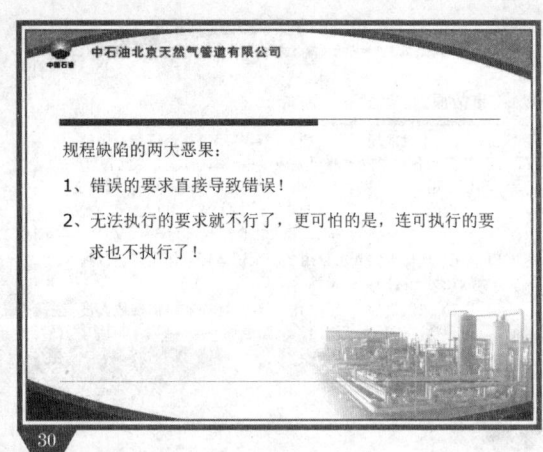

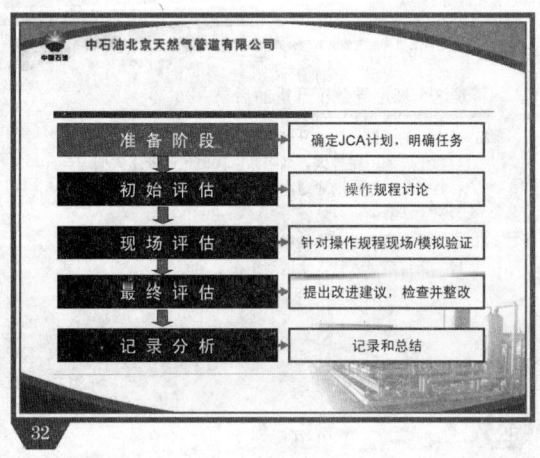
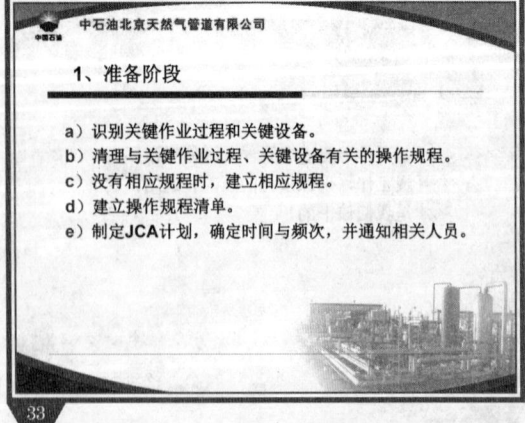
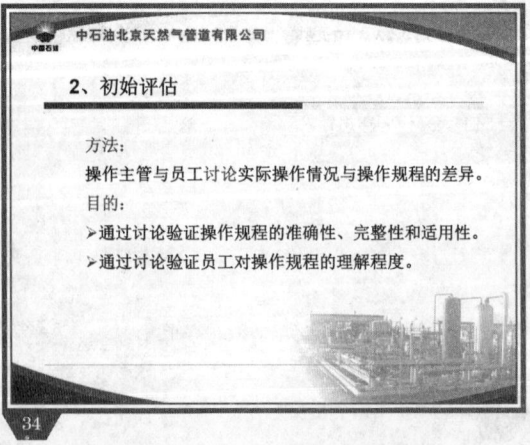

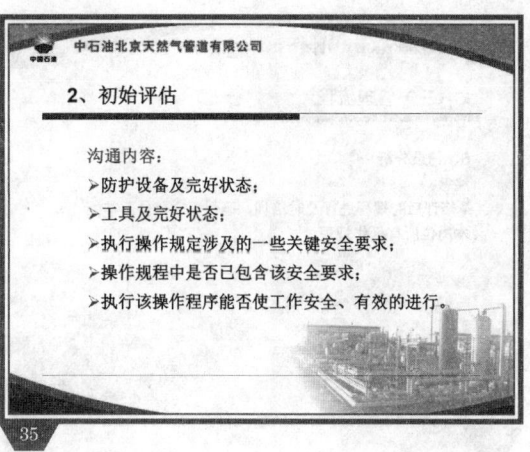
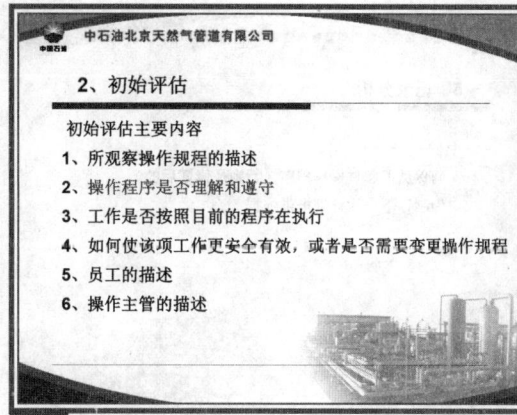
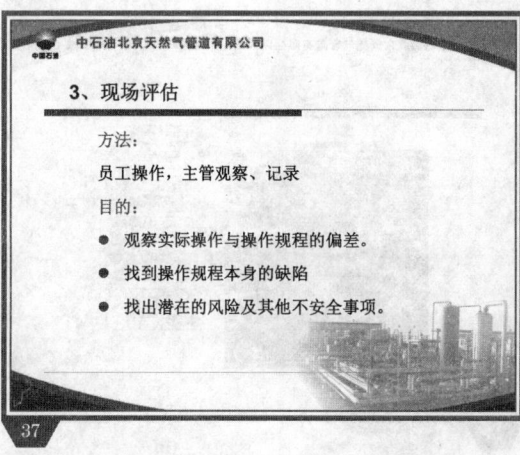
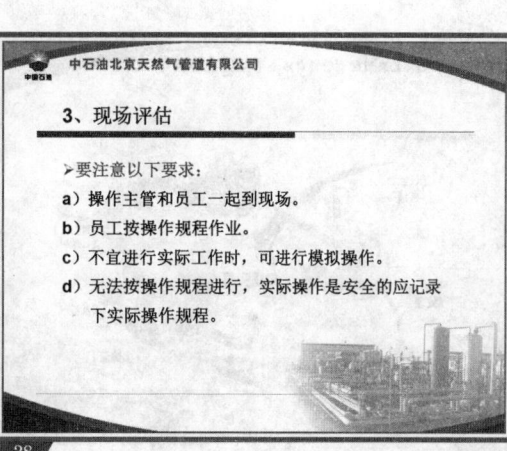
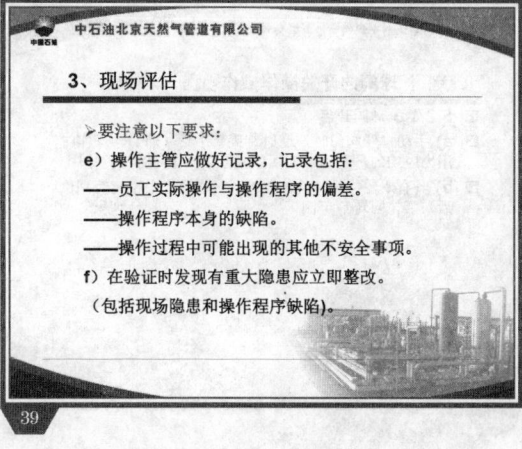
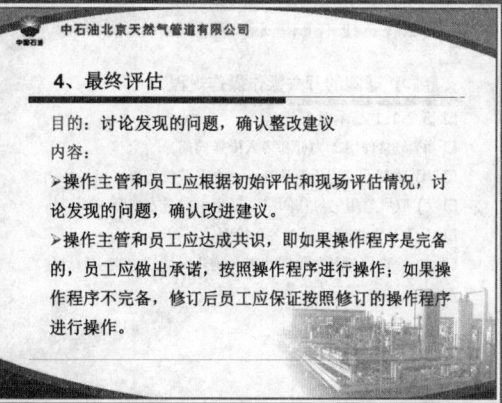

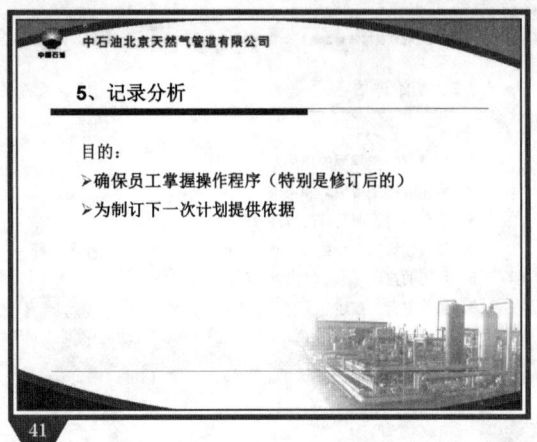

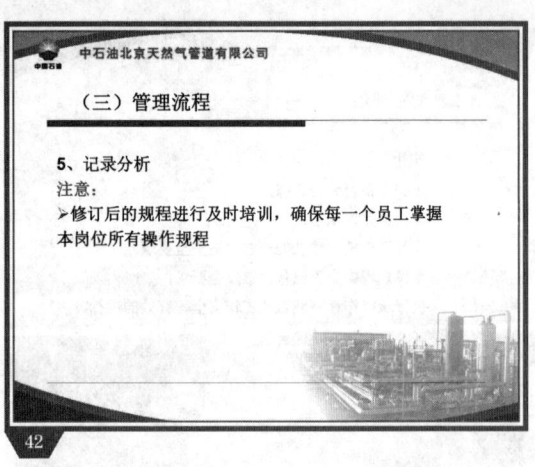

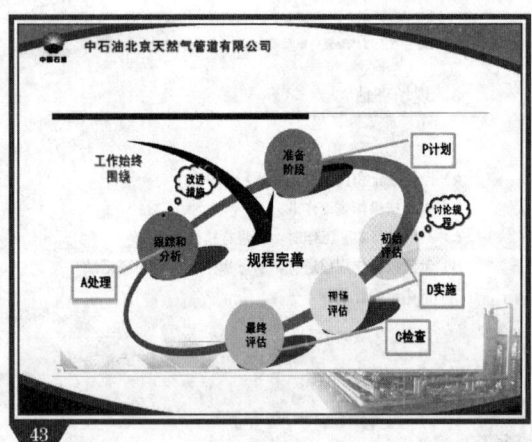

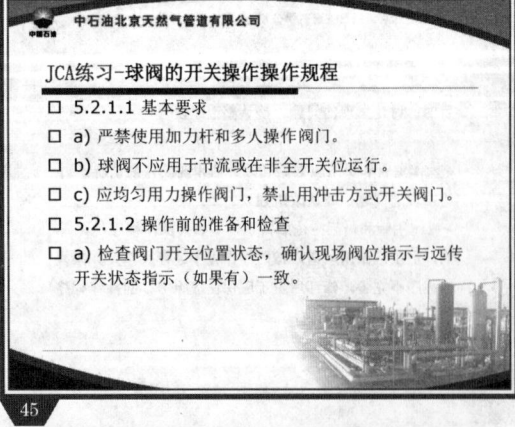

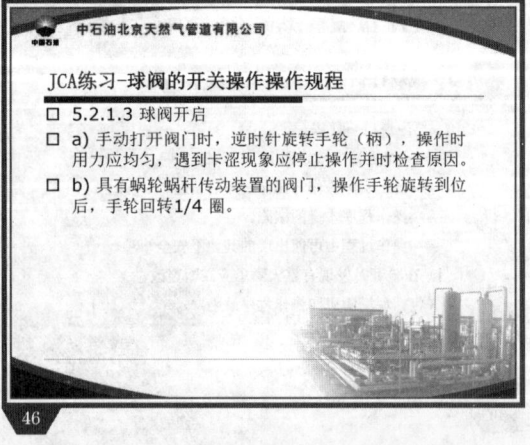

JCA练习-球阀的开关操作操作规程

- 5.2.1.4 球阀关闭
- a) 手动关闭阀门时，顺时针旋转手轮（柄），操作时用力应均匀，遇到卡涩现象应停止操作并及时检查原因。
- b) 具有蜗轮蜗杆传动装置的阀门，操作手轮旋转到位后，手轮回转1/4 圈。
- 5.2.1.5 操作后确认
- 阀门操作到位后，确认阀门开关位置状态和远传开关状态指示（如果有）。

JCA练习-阀腔的放空和排污操作规程

- 5.2.2.1 操作前的准备和检查
- a) 检查作业区域内无任何火源。
- b) 准备与放空和排污操作适宜的梅花扳手或呆扳手等工器具。

JCA练习-阀腔的放空和排污操作规程

- 5.2.2.2 操作
- a) 对于阀体上装有排污和放空引压管的阀门，应先开启排污或放空引压管上的阀门。
- b) 对阀体有放空口的球阀，先通过放空口对阀腔进行泄压操作。
- c) 在操作时打开排污嘴/阀的速度应缓慢，操作人员应避开排污嘴/阀排气方向。
- d) 排污嘴/阀的开度应适中，以可将阀腔中杂质排出为宜。排污时应仔细观察排出物，当无排出物后即认为排污合格，关闭排污嘴/阀。

JCA练习-阀腔的放空和排污操作规程

- e) 在停止阀腔放空和排污时，应先关闭放空或排污阀（嘴）再关闭排污或放空引压管上的阀门（关闭放空或排污嘴的预紧力应适中，保证无外漏即可）。
- f) 记录排出污物的性状及排污量。
- 5.2.2.3 操作后确认
- a) 确认阀腔放空阀门和排污嘴（阀）关闭。
- b) 检查放空阀门和排污嘴（阀）有无漏气。

JCA练习-验电器使用操作规程

- 5.1.1 操作前检查和准备
- 5.1.1.1 操作人员必须符合DL 408 规定的作业人员基本条件，并取得"特种人员操作证"和"进网作业许可证"。
- 5.1.1.2 旋上验电指示器，并进行自检试验。声光信号都好，说明性能良好，可以进行验电工作。
- 5.1.1.3 若进行自检时发现灯光频闪速度明显降慢，或只有声音无频闪灯光，则说明电池能量已经不足，应及时更换电池。若不是电池原因造成的没声音或频闪灯光，应更换验电器。
- 5.1.1.4 选用与被验电设备电压等级相符合且合格的验电器。

JCA练习-验电器使用操作规程

- 5.1.2 操作内容和步骤
- 5.1.2.1 完全拉伸验电器绝缘操作杆并使其定位。
- 5.1.2.2 穿戴高压绝缘鞋(靴)、绝缘手套。
- 5.1.2.5 正确握住绝缘杆，使探针触头逐渐靠近接触被测电气物体。

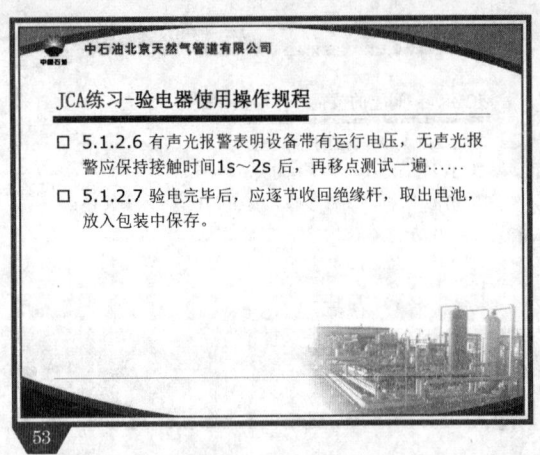

第四章　HSE 培训矩阵应用

基层岗位员工 HSE 培训矩阵是建立在岗位需求分析上的基础矩阵,对员工培训什么、达到什么样的效果,员工应当掌握什么、掌握到什么程度,培训采取什么方式、多长时间培训一次、一次培训需要多少课时、由谁进行培训等,通过岗位需求分析比较准确地进行设定,因此对基层 HSE 培训具有方向引领、目标指导、操作规范、绩效考核和能力衡量等诸多作用,同时对开展员工能力评估、编制计划与组织实施培训、开展效果评价等也具有积极的应用价值。

第一节　员工能力评估

基层岗位员工的 HSE 基本能力是实现安全生产、清洁生产的重要基础。而员工是否具备 HSE 基本能力,应当通过有效的评估进行确认。基层岗位员工 HSE 培训矩阵编制发布完成后,各基层单位应当对照培训矩阵内容组织开展员工 HSE 基本能力评估,确定员工 HSE 基本能力与培训矩阵要求存在的差距,明确强项、弱项与改进空间,确定岗位培训需求,并通过实施培训来提高员工的 HSE 能力。

一、建立制度与标准

HSE 基本能力评估是一项操作比较复杂、受主客观因素影响较大,同时关系个人或群体利益的系统工程,是基层 HSE 培训工作的重要组成部分,应当建立起相应的制度、标准,以指导、规范 HSE 基本能力评估工作。

(1)制定 HSE 基本能力评估管理制度。明确主管部门归口管理、基层单位全面负责、直线领导或责任人评估的原则,明确评估程序、评估方式与方法、评估周期、评估监督与考核、结果运用等相关要求。

(2)建立 HSE 基本能力评估标准。能力评估标准的建立应以员工所在岗位的 HSE 培训矩阵为基础,培训矩阵中的各项"培训内容"即是能力评估的项目,与"培训内容"对应的"培训效果"即是对员工该项内容掌握程度的要求和标准。应针对每一个评估项目的特点编制相应的评估试题、评估表等,制定具体的评估准则,形成该项目的量化评估标准。

对于通用 HSE 知识、生产受控管理流程及 HSE 理念、方法与工具类等培训矩阵中明确培训方式为"课堂培训"或"自学"的培训内容,宜编制配套测试题。评估时以笔试或利用在线考试系统答题等方式进行评估。

对于岗位操作技能类的培训矩阵中培训方式明确为"实操培训"的操作项目培训内容,则以其操作步骤、操作过程中存在的风险和应急处置等关键环节为采分点,设计评估表,示例见表 4-1。评估时对照评估表,采用员工笔试、口述或模拟操作等方式进行评估。每个操作项目都应该有对应的评估清单,以便对员工每个操作项目的掌握程度进行准确评估,从而实现"按需培训"的目标。

表4-1 Rotork IQ系列电动执行机构就地控制的手动开关操作评估表

本表中每一处有赋分的描述均为独立采分点,每个独立采分点分别赋分,39个采分点总分数为100分。其中操作步骤赋分应占60~70分左右,操作过程中存在的风险和应急处置部分赋分占30~40分。

序号	操作步骤		操作过程中存在的风险	风险控制措施
1	操作前的检查（采分点①:6分)	确认执行机构动力电源供电正常(采分点②:4分)	电源供电状态判断失误(采分点⑥:2分)	现场观察与站控机状态共同确认(采分点⑨:2分)
2		确认执行机构液晶显示屏黄色背景灯和阀位指示灯亮(采分点③:4分)		
3		确认执行机构显示屏上可以看到阀门开启的百分数或行程末端的符号(采分点④:5分)	阀门开关状态误判断(采分点⑦:2分)	现场观察与站控机状态共同确认(采分点⑩:2分)
4		确认执行机构处于停止状态(采分点⑤:4分)	阀门开关状态误判断(采分点⑧:2分)	现场观察与站控机状态共同确认(采分点⑪:2分)
5	开关操作（采分点⑫:6分)	逆时针操作手动/自动离合器操作杆一次,将离合器保持在啮合状态(采分点⑬:4分)	(1)机械伤害(采分点⑰:2分);(2)误操作导致天然气泄漏(采分点⑱:2分)	(1)穿戴好劳动防护用品(采分点⑲:2分);(2)消除火源,按照操作规程操作(例如:开关操作前确认下游管线无打开作业,本执行器所带动的如果是球阀,则排污嘴必须关闭等)(采分点⑳:2分)
6		开阀时逆时针方向旋转手轮,关阀时顺时针方向旋转手轮(采分点⑭:4分)		
7		如果开关操作过程中发现故障,则进行处理(采分点⑮:4分)		
8		开关操作完毕后恢复阀门状态(采分点⑯:4分)		
9	操作后确认（采分点㉑:6分)	开关操作完毕后恢复工艺流程(采分点㉒:4分)	流程恢复不正确,影响正常生产(采分点㉕:2分)	操作前记录生产流程,恢复后进行对比确认(采分点㉖:2分)
10		确认工艺流程正确,阀门状态正确(采分点㉓:4分)		
11		确认需要记录的数据已记录齐。(采分点㉔:4分)		

续表

序号	操作步骤	操作过程中存在的风险	风险控制措施
	应急处置： 一、就地手动操作困难(采分点㉗:2分) 1. 原因分析 (1)传动装置润滑不良或故障(采分点㉘:0.5分)； (2)内部密封圈损坏导致漏油,不能润滑齿轮箱(采分点㉙:0.5分)； (3)部件安装不到位(采分点㉚:0.5分)； (4)手轮操作无法离合(采分点㉛:0.5分)。 2. 处置步骤 (1)对传动装置进行润滑、检修(采分点㉜:1分)； (2)更换新的密封圈,添加新的润滑油(采分点㉝:1分)； (3)重新调整安装(采分点㉞:1分)； (4)打开外盖,使用螺丝刀转动轴承(采分点㉟:1分)。 二、操作过程中出现天然气泄漏(采分点㊱:2分) 1. 原因分析 (1)下游管线有打开作业(采分点㊲:1分)； (2)本执行器所带动的球阀排污嘴未关闭等(采分点㊳:1分)。 2. 处置步骤 迅速恢复阀门原开关状态,按照泄漏应急预案进行现场处置(采分点㊴:1分)。		

二、员工能力评估程序与方法

对基层岗位员工进行HSE基本能力评估,应当依据HSE培训矩阵开展,实现"一人一评估"。评估方式可以结合基层站队实际,采用自评、理论测试评与日常操作观察评、访谈评、现场评等多种方式相结合进行,但应侧重现场实际操作与风险管控。员工HSE基本能力评估可以参照以下基本程序进行：

（1）成立评估小组,制定评估方案,明确职责和分工。

（2）提前向员工告知评估内容、评估时间等评估要求。

（3）根据实际情况实施评估。可采用笔试或利用在线考试系统答题等方式对"课堂培训"或"自学"的培训内容进行评估。对于操作项目,可依据操作项目评估表,采用员工笔试、口述或模拟操作等方式进行评估。如采用口述或模拟操作等容易受主观因素影响的评估方式,为确保评估过程公平公正,宜设立两名以上评委同时打分。

（4）查阅个人事故、违章等资料。

（5）征求相关人员意见。

（6）对被评估员工进行综合评价。

（7）评估小组对员工能力评估结果及评估全过程进行汇总分析和总结,建立评估档案,存档备案并上报有关部门。

HSE基本能力评估频次一般为每年一次,新入厂、转岗等员工上岗前,在岗员工从事新岗位前都应接受能力评估。

三、评估结果运用

员工个人 HSE 能力评估结果最直接的应用是确定员工是否具备独立上岗或独立操作的能力，对于评估不合格的操作项目，在未进行再培训并评估合格前不得独立操作。对于多次培训仍不合格的员工，根据各企业实际情况或管理制度，采取离岗培训、待岗、转岗处理。

（1）评估结果统计分析。结果分析分为两个层面，一是员工个人能力分析。确定出员工的能力强项和短板，对日后的工作安排、岗位调整、员工的培训方向具有指导意义；二是站队、班组评估结果的总体统计分析。对于员工普遍偏弱的培训项目，从培训课件的适用性、培训师授课技巧、课时长短、培训周期、技能知识实际应用等方面分析原因，制订针对性的改进措施。

（2）根据评估结果制订培训计划。对于员工评估为不合格的项目，应列入下一步培训计划并及时开展补充培训。通常情况下员工评估不合格项目数量较少，可立即开展一对一补充强化培训，或让员工自学复习再评估，合格后方能独立上岗。

（3）能力评估结果与个人绩效考核衔接。落实 HSE 培训配套激励政策，鼓励员工争取 HSE 能力评估全面达标。员工个人 HSE 能力评估成绩应有效应用于员工个人绩效考核，从而推动员工自觉学习、主动提高个人技能水平。

四、注意事项

（1）合理制订员工 HSE 能力评估方案。因员工能力评估过程比较烦琐，涉及的评估项目多、耗时较长，因此各单位应根据生产生活实际合理制订员工能力评估方案，可以统一集中开展所有员工的能力评估工作，也可以根据实际情况将评估工作分散安排到合适时间段。也可以采用培训之后立即评估的方法，由员工的直线领导在每一项培训后直接组织员工该项培训内容的评估。如果员工该项培训内容的评估不合格，直线领导可直接安排对该员工针对该项培训内容进行再次培训。这种评估方法可以与培训计划的执行相结合，滚动、分散进行。

（2）合理选择评估方式。按照简洁、高效、实用的原则，可根据评估项目的特点选择适合的评估方式，但操作项目的评估应侧重现场操作、风险管控及应急处置，客观评价岗位员工的实际操作能力。关键操作项目的实操评估可与工作循环分析结合开展。

（3）合理确定评估周期。评估周期可以与 HSE 培训矩阵的培训周期相同，关键操作项目及重点内容可以加大评估频次。评估周期最长不可超过 3 年。员工的初始能力评估应在一年内完成。

第二节　编制培训计划

以培训矩阵为基础编制培训计划是做好基层岗位员工 HSE 培训组织工作的重要前提，针对不同的培训对象合理安排培训内容、培训方式、培训师资、培训时间、培训地点等诸多要素，可以为基层岗位员工 HSE 培训组织与实施打下良好的基础。

一、基层岗位员工 HSE 培训计划编制依据

（1）基层岗位员工 HSE 培训矩阵。培训矩阵中规定的培训内容、培训方式、培训师资、培

训周期等要求,都应该作为培训计划编制的依据。

(2)员工 HSE 基本能力评估结果。当员工能力评估存在不合格项时,应将不合格项的培训纳入培训计划中。

(3)因政策法规、工艺、设备、技术、材料等发生变更而增加的 HSE 培训需求,也应作为培训计划编制依据。

二、培训计划主要内容

培训计划包括培训项目、培训方式、培训日期、培训课时、培训师资和培训地点等内容。

(1)培训项目。按照基层岗位员工 HSE 培训矩阵中培训项目的培训周期,以及员工 HSE 基本能力评估结果,确定年度或阶段时间内应当进行的培训项目。

(2)培训方式。以 HSE 培训矩阵中规定的培训方式为主,结合员工接受的能力和习惯、培训的预期效果、生产运行实际灵活程度确定培训方式,尽可能有益于员工接受。

(3)培训日期。应当根据培训项目、培训对象、培训方式等,并结合企业季节生产特点确定培训日期,在尽可能不影响生产的情况下组织培训。充分利用班前会、工作间休息、施工作业现场或倒班串班等时间和场合开展培训。

(4)培训课时。可在符合岗位 HSE 培训矩阵规定的条件下,结合员工施工作业、倒班生产等实际确定培训课时。可实行分次培训、课时累加。

(5)培训师资。培训师应当按照一级培训一级的原则确定,输气工的培训应当由站长负责授课,站长不具备培训能力的情况下,由专兼职培训师负责授课。特种作业人员取证的培训项目,报请培训主管部门组织培训。

(6)培训地点。根据培训对象、培训项目、培训形式的实际情况确定培训地点,有益于培训开展。属于课堂培训尽可能选择教室、会议室或办公室等能够集中培训的场所,属于现场操作培训尽可能选择生产岗位、施工现场或具有模拟现场操作功能的教室。

三、基层岗位员工培训计划的编制与评审

基层岗位员工 HSE 培训计划应由基层单位组织按年度或季度编制,经基层单位培训主管部门汇总并审查通过后,上报上一级培训主管部门审批,纳入本单位总体培训计划,由基层单位组织实施。

各单位可根据自身实际灵活确定员工 HSE 培训计划的形式。可以每一个基层站队或班组为单位分别制订培训计划、分别实施,如考虑到某些单位内部各基层站队或班组之间员工可能经常轮换调动,且各基层站队或班组负责人培训能力不一,也可以采取统一制订培训计划、同步实施的方式,以最大限度地提高培训效率。

对于员工个人的 HSE 培训计划,可以按年度或季度编制,也可以根据本章第一节提到的员工的直线领导在每一项培训后对员工该项培训内容的评估所确定的不合格项目来制订,而这就是这名员工的"一人一单"在单个培训项目上的施行,从而可以实现个性化、按需培训的目的。

第三节 培训组织实施

培训组织实施是培训矩阵应用的重要环节,直接关系到培训的最终效果,影响到员工HSE能力的提升程度。

一、培训组织

在HSE培训组织方面,应当充分发挥各部门与单位之间的横向协调作用,并应当遵循一级培训一级、一级考核一级、一级对一级负责的原则。培训部门应在基层站队HSE培训的整体策划、培训设施、场地等资源方面给予保障;相关部门应在教材开发、师资等方面给予相应支持。基层站队长应尽可能亲自组织开展培训工作,每次实施培训都应当进行策划,指定负责人,选择合适的培训师,给予培训时间保证。HSE培训师应当认真负责,做好授课准备,有效利用授课时间。培训负责人要做好培训场地安排,设备设施检查确认,确保安全培训。

二、培训实施

根据基层站队生产特点,HSE培训应合理安排时间,新入厂、调换工种或岗位、复工员工培训应当安排在上岗前进行;接受新生产工作任务的员工培训应当在执行新的生产工作任务前进行;基层岗位员工培训应当尽可能选择生产工作相对空闲的时间进行。按培训师"安全提示、经验分享、内容介绍、授课实施、问题解答、授课总结"六步法授课,以实际操作培训为主、课堂讲授与现场辅导相结合、互动交流,保证有1/3以上时间用于答疑解惑和开展问题研讨,充分利用现有计算机、多媒体技术,增强授课效果。坚持"分岗位、小范围、短课时、多形式"培训。

"分岗位"即在培训员工操作技能时,应当按岗位进行授课,与授课内容无关的员工可不参加培训。

"小范围"即一次培训针对一部分人。大批员工一起上课,难以保证培训效果,应当分期分批进行授课,一次培训人数尽可能少,有益于培训沟通、交流和具体指导。

"短课时"即每次授课尽可能短。一次授课可以仅解决一个问题,既能保证接受培训者注意力集中,同时能够较好地处理生产与培训的关系。HSE培训授课不宜时间过长,以免影响安全生产。同时,考虑成人保持精力集中的特点,一次授课时间控制在30min以内。

"多形式"即从实用出发,应用课堂、现场、会议、交流、网络、多媒体等形式,有效传授HSE知识。HSE培训可以按班组、按岗位、按操作单元授课,也可以利用早会、大会、计算机网络、多媒体和鼓励员工自学等形式进行培训,尤其技能项目培训应当放在生产岗位进行。

第四节 培训效果评价

依据培训矩阵设定的要求,对HSE培训效果进行评价,找出不足并实施改进,有助于提升HSE培训管理工作水平。

一、培训效果评价内容

对基层站队HSE培训组织、实施的有效性应当采取有效的方法进行验证。培训效果验证应重点考虑以下内容：

（1）培训反馈方面。从培训后员工操作能力变化、站队班组 HSE 业绩变化、培训工作持续改进等反馈情况对培训效果进行验证，员工操作能力的变化可以依据能力评估结果来确认。

（2）培训组织方面。从培训计划制订、培训班筹备（培训内容设置、教材课件选用与编辑、培训师资选择、培训时间、场地、设施等）、培训报名与召集、后勤准备等组织方面验证培训组织工作开展情况，对培训组织的效果评价可以采用人事部门的培训项目评价调查表、师资培训效果评价表等方式进行。

（3）培训实施方面。对开班授课、后勤支持、现场考勤等实施方面进行效果验证，可以通过现场和有关记录进行综合评价。

二、培训效果评价实施

培训效果评价可以由人事部门组织，也可以通过各级直线部门，按照直线责任对培训组织、培训实施与培训反馈方面进行评价。评价可采取调查、检查、审核等多种方式进行，通过对培训组织、实施以及培训反馈等方面进行调查，分析培训工作是否存在需要改进的弱项，从而为改进基层 HSE 培训，提升培训效果提供依据。

第五节 培训信息管理

培训矩阵应用的各种记录管理主要体现在培训信息管理上，培训信息管理也是基层站队 HSE 基础工作的重要组成部分。

一、培训记录建立

基层站队应当建立包括员工培训档案、培训管理档案、培训课程档案等在内的培训记录，用于支持基层培训管理工作和保证培训项目的可追溯性。

员工培训档案是为体现员工在一定时期内参加培训项目的记录性文件。依据《中华人民共和国安全生产法》第二十五条："生产经营单位应当建立安全生产教育和培训档案，如实记录安全生产教育和培训的时间、内容、参加人员以及考核结果等情况"。员工培训档案的主要内容应当包括员工姓名、培训项目、培训方式、培训课时、培训结果（笔试及实操评估成绩）、培训日期、授课人、培训地点等信息，实行动态管理。具体形式及内容可参考示例，见表 4-2。

表 4-2 培训及评估记录（节选）

序号	培训内容		培训时间	考核结果	授课人	员工本人签字	直线管理人
1	球阀操作维护	结构及工作原理					
2		开关操作					
3		阀腔的放空和排污					
4		外漏检查					
5		内漏检查					
6		限位检查					
7		安装阶段限位调整					

续表

序号	培训内容		培训时间	考核结果	授课人	员工本人签字	直线管理人
8	球阀操作维护	运行阶段限位调整					
9		阀座润滑					
10		变速箱润滑					
11		注脂嘴更换					
12		排污嘴更换					
13		内漏处置					
14		阀杆外漏处置					
15		变速箱更换					
16		中法兰外漏处置					
17		过扭矩故障处置					
18	旋塞阀操作维护	结构及工作原理					
19		开关操作					
20		外漏检查					
21		内漏检查					

培训管理档案是指基层站队 HSE 培训管理过程中形成的一些过程性文件档案，包括基层 HSE 培训计划、培训试卷、培训签到、培训效果验证、培训总结、内外部培训师资档案等资料信息。

培训课程档案是指基层站队 HSE 培训课件、培训教程库，主要包括 HSE 培训课件、培训教程、操作规程等资料信息。

二、培训记录的信息管理

基层站队 HSE 培训记录应当由基层站队统一管理，由基层站队按照本单位制度要求报人事部门汇总存档。其中，员工档案、培训管理档案是法律和企业制度规定的痕迹化管理内容，而培训课程档案则是企业和基层员工传承、累积 HSE 知识与技能的核心。随着计算机及互联网技术的普及发展，对基层站队 HSE 培训档案可实施信息化管理，将 HSE 培训档案信息与绩效考核、薪酬调整、职务晋升等多方面建立档案间的关联，充分发挥 HSE 培训的重要作用。

第六节　矩阵应用保障

HSE 培训矩阵的推广与应用需要单位主要领导的重视与亲力亲为，只有从职责、制度、人才、培训资源等多方面提供支持与保障，才能确保 HSE 培训矩阵在基层站队得到有效推广和落实。

一、规范管理制度保障

基层岗位员工 HSE 培训矩阵作为员工 HSE 能力的标准和 HSE 培训工作规范，无论编制还是执行应当有相应的约束。一是要明确有关 HSE 培训矩阵应用管理要求，制定包括建立编制原则、程序、方法、审批以及相应的能力评估制度与标准;二是要明确管理职责,把岗位HSE培训矩阵编制、评审、审批和HSE基本能力评估、培训计划编制、培训实施等,落实到领导干部、职能部门、基层管理者中去。矩阵推广与应用单位要组织人事、安全、生产、工艺、装备等部门,成立矩阵编制与应用组织,编制工作方案,落实工作职责,设定节点,按时完成矩阵编制、操作规程完善、课件开发、能力评估标准制定,培训实施,效果评估等工作任务;三是要建立健全基层岗位HSE培训矩阵编制与应用目标责任制,与单位、个人经济效益挂钩,做到有奖有罚。

在落实责任和制定制度时,应当充分考虑制度的实用性,要从人力资源管理的系统性、全局性出发,将HSE培训职责、培训制度、标准与流程纳入人力资源的培训管理系统中,统筹规划、全面考虑。

二、建立基层HSE培训师队伍

建立一支优秀的HSE培训师队伍,充分发挥其作用,对做好基层站队HSE培训具有十分重要的意义。企业和企业所属单位应当建立HSE培训师管理制度,明确基层站队队长、技术员、班组长等基层直线及属地管理者履行HSE培训直线职责,同时吸纳资深员工、操作骨干、技师等作为HSE培训师的重要补充,并鼓励人人成为HSE培训师。基层站队应当根据HSE培训矩阵的师资要求和有关制度,按照专业种类,结合生产实际设置HSE培训师,每个基层站队以设置2~3名HSE培训师为宜,由所在基层站队进行管理。HSE培训师应实行公开选拔、择优聘用,可实行个人申报、班组(或站队)推荐、培训主管部门审查筛选,采取试讲、模拟操作等方法进行理论与实际操作考核,按拟聘数额和考核排序进行选拔。

HSE培训师应实行动态管理与考核。由企业所属单位每年对HSE培训师进行一次绩效考核,从员工培训效果评价、员工认可程度、培训师实施培训的能力与表现等进行综合测评和考核。综合测评的结果作为基层HSE培训师续聘或解聘、相应待遇享受、酬金发放和评先选优的重要依据。

三、建立激励和保障机制

基层站队HSE培训矩阵编制和应用离不开方方面面的保障,包括组织、制度、人力、物力、财力和时间等资源保障。由于各石油企业的基层站队基础条件不同,一些企业的基层站队培训基础设施缺乏,培训条件较差,培训能力较弱,企业应当加大HSE培训资源的投入。一是整合矩阵编制与应用技术力量。充分调动生产、工艺、装备等方面的专家以及基层岗位具有丰富实操经验的员工参与到培训矩阵编制、课件开发、能力评估标准的制定过程中。二是分专业配备HSE培训师,落实激励政策;三是配备必要的授课设备、器械、资料,为基层HSE培训创造良好条件;四是合理安排工作与培训时间,保证岗位员工接受HSE培训;五是通过专项审核与考核,持续推动HSE培训矩阵在基层的编制与应用。

附录1 分输站基层岗位(正副站长)HSE培训矩阵

编号	培训内容	培训课时	培训周期	培训方式	培训效果	培训师资	备注
1	通用HSE知识						
1.1	中华人民共和国安全生产法	2	3年	自学	掌握		
1.2	中华人民共和国管道保护法	1	1年	自学	掌握		
1.3	中华人民共和国消防法	1	3年	自学	了解		
1.4	中华人民共和国道路交通安全法	1	3年	自学	了解		
1.5	中华人民共和国劳动法	1	3年	自学	了解		
1.6	中华人民共和国职业病防治法	1	3年	自学	了解		
1.7	中华人民共和国环境保护法	1	3年	自学	了解		
1.8	特种设备安全法及特种设备安全监察条例	2	3年	自学	了解		
1.9	空气呼吸器的使用	1.5	1年	实操培训	掌握	安监站培训师	
1.10	灭火器的使用	1.5	1年	实操培训	掌握	安监站培训师	
1.11	气体检测(包括气体检测仪的使用)	2.5	2年	实操培训	掌握	安监站培训师	
1.12	紧急救护	3	2年	课堂+实操培训	掌握	安监站培训师	
1.13	防御性驾驶(针对有驾驶执照的人)	2	2年	课堂培训	掌握	安监站培训师	
1.14	个人劳动防护	2	3年	课堂培训	掌握	安监站培训师	
1.15	办公室安全(一般用电、防滑、绊摔、事故汇报与调查、交通安全、消防、应急响应与撤离等)	2	3年	课堂培训	掌握	安监站培训师	
1.16	电气安全	3	3年	课堂培训	掌握	安监站培训师	
1.17	脚手架安全	1	3年	课堂培训	掌握	安监站培训师	
1.18	梯子的使用与安全	0.5	3年	课堂培训	掌握	安监站培训师	
1.19	手动电动工具安全	0.5	3年	课堂培训	掌握	安监站培训师	
1.20	叉车使用安全(压气站、分输站、储气库、维抢修队)	0.5	2年	课堂培训	掌握	安监站培训师	
1.21	搬运作业安全	1	3年	课堂培训	掌握	安监站培训师	
1.22	天然气基础知识	1	3年	课堂培训	掌握	安监站培训师	
1.23	防火防爆	1	3年	课堂培训	掌握	安监站培训师	
1.24	危害因素识别与风险评价	4	2年	课堂培训	掌握	安监站培训师	
1.25	危险化学品管理	2	3年	课堂培训	掌握	安监站培训师	
1.26	硫化氢防护	4	3年	课堂培训	掌握	安监站培训师	

续表

编号	培训内容		培训课时	培训周期	培训方式	培训效果	培训师资	备注
2	岗位操作技能							
2.1	球阀							
2.1.1		结构及工作原理	0.25	3年	自学	掌握		
2.1.2		开关操作	0.25	3年	自学	掌握		
2.1.3		阀腔的放空和排污	0.25	3年	自学	掌握		
2.1.4		外漏检查	0.25	3年	自学	掌握		
2.1.5		内漏检查	0.25	3年	自学	掌握		
2.1.6		限位检查	0.25	3年	自学	掌握		
2.1.7		安装阶段限位调整	0.25	3年	自学	掌握		
2.1.8		运行阶段限位调整	0.25	3年	自学	掌握		
2.1.9		阀座润滑	0.25	3年	自学	掌握		
2.1.10		变速箱润滑	0.25	3年	自学	掌握		
2.1.11		注脂嘴更换	0.25	3年	自学	掌握		
2.1.12		排污嘴更换	0.25	3年	自学	掌握		
2.1.13		内漏处置	0.25	3年	自学	掌握		
2.1.14		阀杆外漏处置	0.25	3年	自学	掌握		
2.1.15		变速箱更换	0.25	3年	自学	了解		
2.1.16		中法兰外漏处置	0.25	3年	自学	掌握		
2.1.17		过扭矩故障处置	0.25	3年	自学	掌握		
2.2	旋塞阀							
2.2.1		结构及工作原理	0.25	3年	自学	掌握		
2.2.2		开关操作	0.25	3年	自学	掌握		
2.2.3		外漏检查	0.25	3年	自学	掌握		
2.2.4		内漏检查	0.25	3年	自学	掌握		
2.2.5		阀体润滑	0.25	3年	自学	掌握		
2.2.6		变速箱润滑	0.25	3年	自学	掌握		
2.2.7		限位检查	0.25	3年	自学	了解		
2.2.8		阀门安装阶段限位调整	0.25	3年	自学	了解		
2.2.9		运行阶段限位调整	0.25	3年	自学	掌握		
2.2.10		注脂嘴更换	0.25	3年	自学	掌握		
2.2.11		内漏处置	0.25	3年	自学	掌握		
2.2.12		变速箱更换	0.25	3年	自学	了解		
2.2.13		阀杆漏气处置	0.25	3年	自学	掌握		
2.3	气液联动执行机构							
2.3.1		结构及工作原理	0.25	3年	自学	掌握		

续表

编号	培训内容	培训课时	培训周期	培训方式	培训效果	培训师资	备注
2.3.2	执行机构操作前的检查	0.25	3年	自学	掌握		
2.3.3	执行机构的开关操作	0.25	3年	自学	掌握		
2.3.4	Lineguard 电子控制单元的操作	0.25	3年				
2.3.5	执行机构功能测试	0.25	3年	自学	了解		
2.3.6	油位调整	0.25	3年	自学	掌握		
2.3.7	限位检查和调整	0.25	3年	自学	了解		
2.3.8	储油罐排污	0.25	3年	自学	掌握		
2.3.9	旋翼执行器排污	0.25	3年	自学	了解		
2.3.10	提升阀气路控制块装置内滤芯的更换	0.25	3年	自学	了解		
2.3.11	执行机构远程控制电磁阀更换	0.25	3年	自学	了解		
2.3.12	电子控制单元内压力传感器的更换	0.25	3年				
2.3.13	电子控制单元内浪涌保护器更换	0.25	3年	自学	掌握		
2.4	轨道式球阀			自学	掌握		
2.4.1	结构及工作原理	0.25	3年	自学	掌握		
2.4.2	开关操作	0.25	3年	自学	掌握		
2.4.3	外漏检查	0.25	3年	自学	掌握		
2.4.4	内漏检查	0.25	3年	自学	掌握		
2.4.5	内漏处置	0.25	3年				
2.4.6	阀杆外漏处置	0.25	3年	自学	掌握		
2.5	RMG 系列自力式调压阀			自学	掌握		
2.5.1	结构及工作原理	0.25	3年	自学	了解		
2.5.2	调压支路的切换	0.25	3年	自学	掌握		
2.5.3	调压参数的调整及调试	0.25	3年	自学	掌握		
2.5.4	外漏检查	0.25	3年	自学	了解		
2.5.5	内漏检查	0.25	3年				
2.5.6	指挥器及过滤器的检查维护	0.25	3年	自学	掌握		
2.5.7	阀口垫片和阀体膜片的更换	0.25	3年	自学	了解		
2.5.8	指挥器及过滤器冰堵	0.25	3年				
2.5.9	阀位指示器更换	0.25	3年	自学	掌握		
2.6	RMG711 翻板式紧急截断阀			自学	掌握		
2.6.1	结构及工作原理	0.25	3年	自学	掌握		
2.6.2	开关操作	0.25	3年	自学	掌握		
2.6.3	外漏检查	0.25	3年	自学	了解		

续表

编号	培训内容	培训课时	培训周期	培训方式	培训效果	培训师资	备注
2.6.4	内漏检查	0.25	3年	自学	了解		
2.6.5	执行机构装置及指挥器润滑维护	0.25	3年	自学	了解		
2.6.6	功能测试	0.25	3年	自学	掌握		
2.6.7	参数设定	0.25	3年				
2.6.8	指挥器冰堵	0.25	3年	自学	掌握		
2.7	RMG电动调压阀			自学	掌握		
2.7.1	结构及工作原理	0.25	3年	自学	掌握		
2.7.2	调压支路的切换	0.25	3年	自学	掌握		
2.7.3	开关操作	0.25	3年	自学	掌握		
2.7.4	外漏检查	0.25	3年	自学	掌握		
2.7.5	内漏检查	0.25	3年	自学	掌握		
2.7.6	电动执行机构的检查维护	0.25	3年	自学	了解		
2.7.7	参数设定	0.25	3年	自学	了解		
2.7.8	调压阀电动执行器故障	0.25	3年				
2.7.9	调压阀解体维修	0.25	3年	自学	掌握		
2.8	Mokveld轴流式电动调压阀			自学	掌握		
2.8.1	结构及工作原理	0.25	3年	自学	掌握		
2.8.2	调压支路的切换	0.25	3年	自学	掌握		
2.8.3	开关操作	0.25	3年	自学	掌握		
2.8.4	参数设定	0.25	3年	自学	掌握		
2.8.5	外漏检查	0.25	3年	自学	了解		
2.8.6	内漏检查	0.25	3年	自学	掌握		
2.8.7	电动执行机构的检查维护	0.25	3年	自学	了解		
2.8.8	阀体内漏故障处置	0.25	3年				
2.8.9	调压阀电动执行器故障	0.25	3年	自学	掌握		
2.9	Mokveld轴流式紧急截断阀			自学	掌握		
2.9.1	结构及工作原理	0.25	3年	自学	掌握		
2.9.2	开关操作	0.25	3年	自学	掌握		
2.9.3	外漏检查	0.25	3年	自学	了解		
2.9.4	内漏检查	0.25	3年	自学	了解		
2.9.5	执行机构装置润滑维护	0.25	3年	自学	了解		
2.9.6	功能测试	0.25	3年	自学	掌握		
2.9.7	参数设定	0.25	3年	自学	掌握		
2.9.8	过滤器检查和清洁	0.25	3年	自学	掌握		

续表

编号	培训内容	培训课时	培训周期	培训方式	培训效果	培训师资	备注
2.10	Tartarini FL 系列自力式调压阀			自学	掌握		
2.10.1	结构及工作原理	0.25	3年	自学	掌握		
2.10.2	调压支路的切换	0.25	3年	自学	掌握		
2.10.3	调压参数的调整及调试	0.25	3年	自学	掌握		
2.10.4	外漏检查	0.25	3年	自学	掌握		
2.10.5	内漏检查	0.25	3年	自学	掌握		
2.10.6	指挥器及过滤器的检查维护	0.25	3年	自学	了解		
2.10.7	指挥器及过滤器冰堵	0.25	3年	自学	掌握		
2.10.8	远传阀位指示器的更换	0.25	3年	自学	掌握		
2.11	Tartarini BM5 型紧急截断阀			自学	掌握		
2.11.1	结构及工作原理	0.25	3年	自学	了解		
2.11.2	开关操作	0.25	3年	自学	掌握		
2.11.3	参数设定	0.25	3年	自学	掌握		
2.11.4	外漏检查	0.25	3年	自学	掌握		
2.11.5	内漏检查	0.25	3年	自学	了解		
2.11.6	指挥器的润滑维护	0.25	3年	自学	了解		
2.11.7	功能测试	0.25	3年	自学	掌握		
2.11.8	指挥器皮膜更换	0.25	3年	自学	掌握		
2.11.9	指挥器冰堵	0.25	3年	自学	掌握		
2.12	过滤分离器			自学	掌握		
2.12.1	结构及工作原理	0.25	3年	自学	掌握		
2.12.2	过滤分离器支路的切换	0.25	3年	自学	掌握		
2.12.3	过滤分离器的排污操作	0.25	3年	自学	掌握		
2.12.4	滤芯更换	0.25	3年	自学	掌握		
2.12.5	更换盲板和安全销密封圈	0.25	3年	自学	掌握		
2.13	Rotork IQ 系列电动执行机构			自学	掌握		
2.13.1	结构及工作原理	0.25	3年	自学	掌握		
2.13.2	就地控制的手动开关操作	0.25	3年	自学	掌握		
2.13.3	就地控制的电动开关测试	0.25	3年	自学	掌握		
2.13.4	远程控制开关操作	0.25	3年	自学	掌握		
2.13.5	供电情况检查	0.25	3年	自学	掌握		
2.13.6	限位检查及调整	0.25	3年	自学	掌握		
2.13.7	执行机构输出扭矩调整	0.25	3年	自学	掌握		
2.13.8	执行机构过扭矩处理	0.25	3年	自学	掌握		

续表

编号	培训内容	培训课时	培训周期	培训方式	培训效果	培训师资	备注
2.14	Rotork 拨叉式气动执行机构			自学	掌握		
2.14.1	结构及工作原理	0.25	3年	自学	掌握		
2.14.2	开关操作	0.25	3年	自学	掌握		
2.14.3	就地控制气动开关测试	0.25	3年	自学	掌握		
2.14.4	就地控制的手动开关测试	0.25	3年	自学	了解		
2.14.5	站控控制开关测试	0.25	3年	自学	了解		
2.14.6	站控 ESD 功能测试	0.25	3年	自学	了解		
2.14.7	维护保养	0.25	3年	自学	掌握		
2.14.8	活塞密封圈更换	0.25	3年				
2.14.9	过滤器滤芯的清洁或更换	0.25	3年	自学	掌握		
2.15	Biffi 电动执行机构			自学	掌握		
2.15.1	结构及工作原理	0.25	3年	自学	掌握		
2.15.2	就地控制开关操作	0.25	3年	自学	掌握		
2.15.3	远程控制开关操作	0.25	3年	自学	掌握		
2.15.4	密封性检查	0.25	3年				
2.15.5	供电检查	0.25	3年	自学	掌握		
2.15.6	限位检查	0.25	3年				
2.15.7	扭矩检查	0.25	3年	自学	掌握		
2.16	××水套炉			自学	掌握		
2.16.1	结构及工作原理	0.25	3年	自学	掌握		
2.16.2	水套炉启炉	0.25	3年	自学	掌握		
2.16.3	水套炉停炉	0.25	3年	自学	掌握		
2.16.4	外漏检查	0.25	3年	自学	了解		
2.16.5	水套炉相关部件的检查与维护	0.25	3年	自学	了解		
2.16.6	更换点火电极或离子探针	0.25	3年				
2.16.7	更换电磁阀组或滤芯	0.25	3年	自学	掌握		
2.17	Bettis 气动执行机构			自学	掌握		
2.17.1	结构及工作原理	0.25	3年	自学	掌握		
2.17.2	开关操作	0.25	3年	自学	掌握		
2.17.3	密封性检查	0.25	3年	自学	掌握		
2.17.4	过滤器检查	0.25	3年	自学	了解		
2.17.5	限位检查	0.25	3年	自学	了解		
2.17.6	传动装置的润滑	0.25	3年	自学	掌握		
2.17.7	活塞密封圈更换	0.25	3年				
2.17.8	过滤器滤芯的清洁或更换	0.25	3年	自学	掌握		

续表

编号	培训内容	培训课时	培训周期	培训方式	培训效果	培训师资	备注
2.18	常压采暖锅炉			自学	掌握		
2.18.1	结构及工作原理	0.25	3年	自学	了解		
2.18.2	锅炉的启动运行	0.25	3年	自学	了解		
2.18.3	干法保养	0.25	3年	自学	了解		
2.18.4	湿法保养	0.25	3年	自学	了解		
2.18.5	年度保养	0.25	3年				
2.18.6	软化水装置维护保养	0.25	3年	自学	掌握		
2.19	承压采暖锅炉			自学	掌握		
2.19.1	结构及工作原理	0.25	3年	自学	掌握		
2.19.2	承压采暖锅炉启炉操作	0.25	3年	自学	掌握		
2.19.3	停炉操作	0.25	3年	自学	了解		
2.19.4	排污作业	0.25	3年	自学	了解		
2.19.5	湿法保养	0.25	3年	自学	掌握		
2.19.6	干法保养	0.25	3年				
2.19.7	软化水装置操作	0.25	3年	自学	掌握		
2.20	阀套式排污阀			自学	掌握		
2.20.1	结构及工作原理	0.25	3年	自学	掌握		
2.20.2	开阀操作	0.25	3年	自学	掌握		
2.20.3	关阀操作	0.25	3年	自学	掌握		
2.20.4	排污操作	0.25	3年	自学	掌握		
2.20.5	外漏检查	0.25	3年	自学	掌握		
2.20.6	内漏检查	0.25	3年	自学	掌握		
2.20.7	阀杆丝杠润滑	0.25	3年	自学	掌握		
2.20.8	注脂嘴更换	0.25	3年	自学	掌握		
2.20.9	内漏处置	0.25	3年	自学	掌握		
2.20.10	阀杆外漏处置	0.25	3年	自学	了解		
2.20.11	阀盖处外漏处置	0.25	3年				
2.20.12	阀门开关故障处置	0.25	3年	自学	掌握		
2.21	放空点火系统			自学	掌握		
2.21.1	结构及工作原理	0.25	3年	自学	掌握		
2.21.2	引火筒点火	0.25	3年	自学	掌握		
2.21.3	地面内传焰式点火	0.25	3年	自学	掌握		
2.21.4	管道检查	0.25	3年	自学	掌握		
2.21.5	点火装置检查	0.25	3年	自学	了解		
2.21.6	电磁阀检查	0.25	3年	自学	了解		

续表

编号	培训内容	培训课时	培训周期	培训方式	培训效果	培训师资	备注
2.21.7	更换电嘴	0.25	3年				
2.21.8	更换电磁阀组	0.25	3年	自学	掌握		
2.22	快开盲板			自学	掌握		
2.22.1	快开盲板的开启操作	0.25	3年	自学	掌握		
2.22.2	快开盲板的关闭操作	0.25	3年	自学	了解		
2.22.3	密封性能检查	0.25	3年	自学	了解		
2.22.4	盲板居中的调整	0.25	3年	自学	了解		
2.22.5	锁带装置的调整	0.25	3年	自学	掌握		
2.22.6	密封圈的更换	0.25	3年				
2.22.7	盲板外漏的处理	0.25	3年	自学	掌握		
2.23	平板闸阀			自学	掌握		
2.23.1	结构及工作原理	0.25	3年	自学	掌握		
2.23.2	平板闸阀开关操作	0.25	3年	自学	掌握		
2.23.3	外漏检查	0.25	3年	自学	掌握		
2.23.4	内漏检查	0.25	3年	自学	掌握		
2.23.5	阀体润滑	0.25	3年	自学	掌握		
2.23.6	阀杆轴承润滑	0.25	3年	自学	掌握		
2.23.7	注脂嘴更换	0.25	3年	自学	了解		
2.23.8	内漏处置	0.25	3年	自学	掌握		
2.23.9	挺杆剪切销子和止推轴承的更换	0.25	3年				
2.23.10	更换挺杆盘根	0.25	3年	自学	掌握		
2.24	清管指示器			自学	了解		
2.24.1	结构及工作原理	0.25	3年	自学	了解		
2.24.2	参数查询	0.25	3年				
2.24.3	设置时钟	0.25	3年	自学	掌握		
2.25	安全阀			自学	了解		
2.25.1	结构及工作原理						
2.25.2	检定	0.25	3年	自学	掌握		
2.26	消防栓			自学	掌握		
2.26.1	消防栓的检查	0.25	3年	自学	了解		
2.26.2	消防栓的使用	0.25	3年	自学	掌握		
2.26.3	消防栓的维修与检验	0.25	3年	自学	掌握		
2.26.4	消防流程切换	0.25	3年				
2.26.5	消防水池检查与维护	0.25	3年	自学	掌握		

续表

编号	培训内容	培训课时	培训周期	培训方式	培训效果	培训师资	备注
2.27	管道水平度测量			自学	掌握		
2.27.1	水平尺使用	0.25	3年				
2.27.2	角度换算	0.25	3年	自学	掌握		
2.28	站场放空与排污						
	操作	0.25	3年	自学	了解		
2.29	排污池			自学	掌握		
2.29.1	排污池的清理	0.25	3年	自学	掌握		
2.29.2	排污池附属部件的管理	0.25	3年				
2.29.3	日常巡检、注水和加盐	0.25	3年	自学	掌握		
2.30	工具使用	1	3年	自学	掌握		
	各种工具的使用方法及注意事项			自学	掌握		
2.31	气动注脂机	2	3年	自学	掌握		
2.32	热媒炉	2	3年	自学	掌握		
2.33	手动注脂枪	2	3年	自学	掌握		
2.34	消防泵	2	3年	自学	掌握		
2.35	旋风分离器	2	3年	自学	掌握		
2.36	移动脚手架	2	3年	自学	掌握		
2.37	移动式空压机	2	3年	自学	掌握		
2.38	移动式注醇泵装置	2	3年	自学	掌握		
2.39	站场PDA巡检系统	2	3年	自学	掌握		
2.40	站场设备设施刷漆规范	2	3年	自学	掌握		
2.41	蒸汽锅炉车	2	3年	自学	掌握		
2.42	制氮机组	2	3年	自学	掌握		
2.43	自用气橇	2	3年	自学	掌握		
2.44	固定式注醇泵装置	2	3年	自学	掌握		
2.45	管壳换热器	2	3年	自学	了解		
2.46	管线保温层	2	3年				
2.47	红外成像仪	2	3年	自学	掌握		
2.48	法兰拆装	2	3年				
2.49	地埋式污水处理系统	2	3年	自学	掌握		
2.50	超声波测厚仪	2	3年				
2.51	测温仪	2	3年	自学	掌握		
2.52	PLC、RTU、DCS			自学	掌握		
2.52.1	网络拓扑图	0.25	3年	自学	掌握		

续表

编号	培训内容	培训课时	培训周期	培训方式	培训效果	培训师资	备注
2.52.2	硬件构造（模块识别、指示灯及状态的含义）	0.25	3年	自学	了解		
2.52.3	正常状态和故障状态的检查	0.25	3年	自学	掌握		
2.52.4	功能、接线	0.25	3年				
2.52.5	PLC系统重启	0.25	3年	自学	掌握		
2.53	站控系统			自学	掌握		
2.53.1	系统登录、注销、系统启动、关闭	0.25	3年	自学	掌握		
2.53.2	操作员界面操作（报警、趋势、流程图查看、界面切换、单体设备操作、维护值设定等）	0.25	3年	自学			
2.53.3	管理员界面操作	0.25	3年	自学	了解		
2.54	流量计算机			自学	掌握		
2.54.1	结构及工作原理	0.25	3年	自学	了解		
2.54.2	压力、温度、流量、流速、声速核查、时钟等参数查询	0.25	3年	自学	掌握		
2.54.3	参数设置（组分输入、压力、温度等常规参数设置）	0.25	3年				
2.54.4	工作状态识别、报警的检查、打印	0.25	3年	自学	了解		
2.55	在线色谱分析仪			自学	了解		
2.55.1	结构及工作原理	0.25	3年	自学	掌握		
2.55.2	参数查询	0.25	3年	自学	了解		
2.55.3	工作状态识别、报警的检查	0.25	3年	自学	掌握		
2.55.4	分析仪投运和停机	0.25	3年	自学	了解		
2.55.5	气瓶压力检查	0.25	3年	自学	了解		
2.55.6	平衡电位的测量及调整	0.25	3年				
2.55.7	常见故障判断及处理方法	0.25	3年	自学	掌握		
2.56	超声流量计			自学	了解		
2.56.1	结构及工作原理	0.25	3年	自学	了解		
2.56.2	流量计的拆卸、安装	0.25	3年	自学	了解		
2.56.3	常见故障判断及处理方法	0.25	3年	自学	了解		
2.57	涡轮流量计			自学	了解		
2.57.1	结构及工作原理	0.25	3年	自学	掌握		
2.57.2	流量计的拆卸、安装	0.25	3年	自学	了解		
2.57.3	润滑系统的维护	0.25	3年				
2.57.4	常见故障判断及处理方法	0.25	3年	自学	掌握		

续表

编号	培训内容	培训课时	培训周期	培训方式	培训效果	培训师资	备注
2.58	压力（差压）变送器			自学	掌握		
2.58.1	结构及工作原理	0.25	3年	自学	了解		
2.58.2	仪表阀（两阀组、五阀组）的操作、更换	0.25	3年	自学	了解		
2.58.3	校准/检定	0.25	3年				
2.58.4	常见故障判断及处理方法	0.25	3年	自学	掌握		
2.59	压力（差压）表			自学	掌握		
2.59.1	结构及工作原理	0.25	3年	自学	掌握		
2.59.2	示值及零点检查	0.25	3年	自学	掌握		
2.59.3	压力表的拆装	0.25	3年	自学	了解		
2.59.4	仪表阀（两阀组、五阀组）的操作、更换	0.25	3年				
2.59.5	校准	0.25	3年	自学	了解		
2.60	铂电阻			自学	了解		
2.60.1	结构及工作原理	0.25	3年	自学	了解		
2.60.2	绝缘电阻测试	0.25	3年				
2.60.3	更换	0.25	3年	自学	掌握		
2.61	双金属温度计			自学	掌握		
2.61.1	示值检查	0.25	3年	自学	了解		
2.61.2	更换	0.25	3年				
2.61.3	校准	0.25	3年	自学	掌握		
2.62	温度变送器			自学	了解		
2.62.1	结构及工作原理	0.25	3年				
2.62.2	校准/检定	0.25	3年				
2.62.3	常见故障判断及处理方法	0.25	3年	自学	了解		
2.63	火灾报警系统（火灾报警控制器、烟感探测器、温感探测器等）			自学	掌握		
2.63.1	结构及工作原理	0.25	3年	自学	掌握		
2.63.2	菜单操作	0.25	3年	自学	了解		
2.63.3	报警信息查询与确认	0.25	3年	自学	了解		
2.63.4	测试	0.25	3年				
2.63.5	常见故障判断及处理方法	0.25	3年	自学	掌握		
2.64	调压控制器			自学	掌握		
2.64.1	按键的识别与操作	0.25	3年	自学	掌握		

续表

编号	培训内容	培训课时	培训周期	培训方式	培训效果	培训师资	备注
2.64.2	常规参数的查询和设置(流量、压力设定等)	0.25	3年	自学	掌握		
2.64.3	控制器的启机、停机操作	0.25	3年				
2.64.4	常见故障判断及处理方法	0.25	3年	自学	掌握		
2.65	总线控制器			自学	掌握		
2.65.1	按键的识别与操作	0.25	3年	自学	掌握		
2.65.2	菜单操作:常规参数的查询和设置	0.25	3年	自学	掌握		
2.65.3	控制器的启机、停机操作	0.25	3年				
2.65.4	常见故障判断及处理方法	0.25	3年	自学	掌握		
2.66	ESD 系统			自学	掌握		
2.66.1	模块识别、指示灯及状态的含义	0.25	3年	自学	了解		
2.66.2	正常状态和故障状态的检查	0.25	3年	自学	掌握		
2.66.3	功能、接线	0.25	3年	自学	掌握		
2.66.4	ESD 触发和执行	0.25	3年				
2.66.5	ESD 复位	0.25	3年	自学	掌握		
2.67	液位计(液位变送器)			自学	掌握		
2.67.1	启停操作	0.25	3年	自学	掌握		
2.67.2	读数	0.25	3年				
2.67.3	排污操作	0.25	3年	自学	掌握		
2.68	远维设备			自学	掌握		
2.68.1	指示灯及状态的含义(包括短信模块)	0.25	3年				
2.68.2	远维设备的重启	0.25	3年	自学	掌握		
2.69	路由器、交换机			自学	掌握		
2.69.1	指示灯及状态的含义	0.25	3年	自学	掌握		
2.69.2	路由器的重启	0.25	3年				
2.69.3	常见故障判断	0.25	3年	自学	掌握		
2.70	各类按钮						
	各类按钮的功能、操作	1	3年	自学	了解		
2.71	接地电阻测试						
	接地电阻测试操作	0.5	2年	自学	了解		
2.72	蓄电池组						
	蓄电池组放电维护操作	1	2年	自学	了解		
2.73	发电机			自学	掌握		
2.73.1	发电机工作原理及主要构造	0.25	2年	自学	掌握		

续表

编号	培训内容	培训课时	培训周期	培训方式	培训效果	培训师资	备注
2.73.2	发电机的运行参数	0.25	3年	自学	掌握		
2.73.3	发电机的就地手动启动	0.25	3年	自学	掌握		
2.73.4	发电机的自动启动	0.25	3年	自学	掌握		
2.73.5	发电机的停机	0.25	3年	自学	掌握		
2.73.6	发电机常见故障及处理方法	0.25	3年	自学	掌握		
2.74	高杆灯			自学	掌握		
2.74.1	高杆灯主要构成和参数	0.25	1年	自学	掌握		
2.74.2	高杆灯机械部分检查	0.25	1年	自学	掌握		
2.74.3	高杆灯电气部分检查	0.25	1年	自学	掌握		
2.74.4	高杆灯运转检查	0.25	3年	自学	掌握		
2.74.5	定时器时间调整	0.25	3年	自学	掌握		
2.74.6	投光灯具升降操作	0.25	3年	自学	掌握		
2.74.7	灯具更换	0.25	3年	自学	掌握		
2.75	高压外电线路						
	定期巡检	0.5	3年	自学	掌握		
2.76	变压器						
	通过声音、温湿度、电压等判断变压器是否工作正常	0.5	3年	自学	掌握		
2.77	变、配电室（低压配电柜的检查与相关操作）			自学	掌握		
2.77.1	停电、送电操作	0.25	3年	自学	了解		
2.77.2	工作状态检查	0.25	3年				
2.77.3	低压配电箱检修程序	0.25	3年	自学	掌握		
2.78	UPS			自学	掌握		
2.78.1	面板操作	0.25	3年	自学	掌握		
2.78.2	信号灯、亮光条含义	0.25	3年	自学	掌握		
2.78.3	报警查询	0.25	3年	自学	掌握		
2.78.4	开机与关机	0.25	3年	自学	了解		
2.79	双电源转换开关	1	3年	自学	了解		
2.80	ZW27–12型户外高压真空断路器操作	1	3年	自学	了解		
2.81	Varlogic NR6、NR12 功率因数控制器	1	3年	自学	了解		
2.82	10kV 跌落式保险	1	3年	自学	了解		
2.83	FLUKE1625 形接地测试仪	1	3年	自学	掌握		

续表

编号	培训内容	培训课时	培训周期	培训方式	培训效果	培训师资	备注
2.84	FLUKE155C 绝缘测试仪	1	3 年	自学	掌握		
2.85	FLUKE80 系列数字万用表	1	3 年	自学	掌握		
2.86	FLUKE362 钳形电流表	1	3 年	自学	掌握		
2.87	ZC-7 型绝缘摇表	1	3 年	自学	掌握		
2.88	验电器	1	3 年	自学	掌握		
2.89	移动电缆盘	1	3 年	自学	掌握		
2.90	电工护具(绝缘靴、绝缘手套、绝缘拉杆、高压声光验电器、接地线、安全带等)	1	3 年	自学	了解		
2.91	光传输设备			自学	掌握		
2.91.1	结构及工作原理	0.25	3 年	自学	掌握		
2.91.2	机房温湿度检查	0.25	3 年	自学	掌握		
2.91.3	设备温度检查	0.25	3 年	自学	了解		
2.91.4	风扇检查和定期清理	0.25	3 年	自学	掌握		
2.91.5	公务电话检查	0.25	3 年	自学	掌握		
2.91.6	设备声音告警检查	0.25	3 年	自学	了解		
2.91.7	机柜、电路板指示灯观察	0.25	3 年	自学	掌握		
2.91.8	常见故障判断及处理方法	0.25	3 年	自学	了解		
2.92	语音交换设备			自学	掌握		
2.92.1	结构及工作原理	0.25	3 年				
2.92.2	工作状态的检查	0.25	3 年	自学	掌握		
2.93	工业监视系统			自学	掌握		
2.93.1	工业电视系统组成	0.25	3 年	自学	掌握		
2.93.2	面板键盘、状态指示灯、插口认知	0.25	3 年	自学	掌握		
2.93.3	开机与关机和重启	0.25	3 年	自学	掌握		
2.93.4	显示模式切换	0.25	3 年	自学	了解		
2.93.5	摄像机操作(录像、自控回放、手动回放操作、云端控制)	0.25	3 年	自学	掌握		
2.93.6	常见故障判断及处理方法	0.25	3 年	自学	了解		
2.93.7	工业电视日常维护	0.25	3 年				
2.93.8	工业电视系统与振动电缆设置联动操作	0.25	3 年	自学	了解		
2.94	IP 电话			自学	掌握		
2.94.1	IP 电话的安装	0.25	3 年	自学	了解		
2.94.2	IP 电话的拨打	0.25	3 年				

续表

编号	培训内容	培训课时	培训周期	培训方式	培训效果	培训师资	备注
2.94.3	IP电话的配置	0.25	3年	自学	了解		
2.95	卫星设备			自学	掌握		
2.95.1	结构及工作原理	0.25	3年	自学	掌握		
2.95.2	工作状态的检查	0.25	3年				
2.95.3	天线扫雪	0.25	3年	自学	掌握		
2.96	手持对讲机			自学	了解		
2.96.1	手持对讲机主要结构	0.25	3年	自学	掌握		
2.96.2	对讲机的安装	0.25	3年	自学	掌握		
2.96.3	使用（开机、信道选择、调节音量、呼叫、关机）	0.25	3年	自学	掌握		
2.96.4	对讲机的维护保养	0.25	3年	自学	掌握		
2.96.5	更换电池	0.25	3年	自学	掌握		
2.96.6	更换天线	0.25	3年	自学	掌握		
2.96.7	对讲机的清洁	0.25	3年	自学	掌握		
2.96.8	对讲机通话规范	0.25	3年	自学	掌握		
2.96.9	电量显示与充电操作	0.25	3年				
2.96.10	常见故障判断与排除	0.25	3年	自学	了解		
2.97	防爆扩音系统			自学	掌握		
2.97.1	结构及工作原理	0.25	3年	自学	了解		
2.97.2	使用（调整通道、通话、扩音呼叫、应急广播）	0.25	3年	自学	掌握		
2.97.3	维护测试	0.25	3年	自学	了解		
2.97.4	设备清洁	0.25	3年				
2.97.5	常见故障判断及处理方法	0.25	3年	自学	了解		
2.98	智能周界报警系统			自学	掌握		
2.98.1	结构及工作原理	0.25	3年	自学	掌握		
2.98.2	振动电缆监控系统操作	0.25	3年				
2.98.3	周期测试	0.25	3年	自学	掌握		
2.99	视频系统			自学	掌握		
2.99.1	开机、关机操作	0.25	3年	自学	了解		
2.99.2	日常维护	0.25	3年				
2.99.3	故障诊断与排除	0.25	3年	自学	掌握		
2.100	无线路由器						
	状态指示灯的识别与检查	0.25	3年	自学	掌握		
2.101	网络线缆			自学	掌握		

续表

编号	培训内容	培训课时	培训周期	培训方式	培训效果	培训师资	备注
2.101.1	普通直联网线的制作	0.25	3年				
2.101.2	交叉网线的制作	0.25	3年	自学	了解		
2.102	防病毒软件						
	安装、卸载	0.25	3年	自学	掌握		
2.103	防爆手机						
	使用、充电、功能测试	0.25	3年	自学	了解		
2.104	振动电缆			自学	掌握		
2.104.1	振动电缆结构及术语	0.25	3年	自学	掌握		
2.104.2	布防、撤防操作	0.25	3年	自学	了解		
2.104.3	功能测试	0.25	3年	自学	了解		
2.104.4	振动电缆系统保养	0.25	3年				
2.104.5	常见故障判断及处理方法	0.25	3年	自学	掌握		
2.105	流程切换、控制			自学	掌握		
2.105.1	收发球	0.25	3年	自学	掌握		
2.105.2	管线吹扫、置换	0.25	3年				
2.105.3	其他各种工艺流程切换	0.25	3年	自学	掌握		
2.106	办公电脑			自学	掌握		
2.106.1	使用	0.25	3年				
2.106.2	维护	0.25	3年	自学	掌握		
2.107	传真机			自学	了解		
2.107.1	操作	0.25	3年	自学	掌握		
2.107.2	维护	0.25	3年	课堂培训	了解		
2.108	OA等办公系统	0.5	3年	实操培训	掌握		
3	生产受控管理流程						
3.1	作业指导书(处、站两级)	2	1年	自学	了解		
3.2	行为安全管理	1	2年	课堂培训	掌握	安监站培训师	
3.3	作业许可管理	2	2年	课堂培训	掌握	安监站培训师	
3.4	承包商HSE管理	2	3年	课堂培训	掌握	安监站培训师	
3.5	消防安全管理	2	3年	课堂培训	掌握	安监站培训师	
3.6	污染物管理	1	3年	课堂培训	掌握	安监站培训师	
3.7	职业健康管理	2	3年	课堂培训	掌握	安监站培训师	
3.8	事故管理	2	3年	课堂培训	掌握	安监站培训师	
3.9	能源隔离	2	3年	课堂培训	掌握	安监站培训师	
3.10	热工作业	2	1年	课堂培训	掌握	安监站培训师	
3.11	受限空间	1	3年	课堂培训	掌握	安监站培训师	

续表

编号	培训内容	培训课时	培训周期	培训方式	培训效果	培训师资	备注
3.12	高空作业	1	1年	课堂培训	掌握	安监站培训师	
3.13	挖掘作业	2	1年	课堂培训	掌握	安监站培训师	
3.14	吊装作业	2	1年	课堂培训	掌握	安监站培训师	
4	**HSE理念、方法与工具**						
4.1	HSE管理体系	2	3年	自学	了解		
4.2	如何落实岗位责任制(有感领导、直线责任、属地管理)	3	3年	自学	了解		
4.3	目视化管理	2	3年	自学	了解		
4.4	HSE培训管理	2	3年	自学	了解		
4.5	行为安全观察和沟通	3	2年	课堂培训	掌握	安监站培训师	
4.6	作业安全分析	3	1年	课堂培训	掌握	安监站培训师	
4.7	事故调查与原因分析	3	2年	课堂培训	掌握	安监站培训师	
4.8	工作循环分析	1	3年	课堂培训	掌握	安监站培训师	

注:培训课时单位为小时(h)。

附录2 分输站基层岗位（输气工）HSE培训矩阵

编号	培训内容	培训课时	培训周期	培训方式	培训效果	培训师资	备注
1	通用HSE知识						
1.1	中华人民共和国安全生产法	2	3年	自学	掌握		
1.2	中华人民共和国管道保护法	1	1年	自学	掌握		
1.3	中华人民共和国消防法	1	3年	自学	了解		
1.4	中华人民共和国道路交通安全法	1	3年	自学	了解		
1.5	中华人民共和国劳动法	1	3年	自学	了解		
1.6	中华人民共和国职业病防治法	1	3年	自学	了解		
1.7	中华人民共和国环境保护法	1	3年	自学	了解		
1.8	特种设备安全法及特种设备安全监察条例	2	3年	自学	了解		
1.9	空气呼吸器的使用	1.5	1年	实操培训	掌握	直线领导或其他培训师	
1.10	灭火器的使用	1.5	1年	实操培训	掌握	直线领导或其他培训师	
1.11	气体检测（包括气体检测仪的使用）	2.5	2年	实操培训	掌握	直线领导或其他培训师	
1.12	紧急救护	3	2年	课堂+实操培训	掌握	直线领导或其他培训师	
1.13	防御性驾驶（针对有驾照的人）	2	2年	课堂培训	掌握	直线领导或其他培训师	
1.14	个人劳动防护	2	3年	课堂培训	掌握	直线领导或其他培训师	
1.15	办公室安全（一般用电、防滑、绊摔、事故汇报与调查、交通安全、消防、应急响应与撤离等）	2	3年	课堂培训	掌握	直线领导或其他培训师	
1.16	电气安全	3	3年	课堂培训	掌握	直线领导或其他培训师	
1.17	脚手架安全	1	3年	课堂培训	掌握	直线领导或其他培训师	
1.18	梯子的使用与安全	0.5	3年	课堂培训	掌握	直线领导或其他培训师	
1.19	手动电动工具安全	0.5	3年	课堂培训	掌握	直线领导或其他培训师	
1.20	叉车使用安全（压气站、分输站、储气库、维抢修队）	0.5	2年	课堂培训	掌握	直线领导或其他培训师	
1.21	搬运作业安全	1	3年	课堂培训	掌握	直线领导或其他培训师	
1.22	天然气基础知识	1	3年	课堂培训	掌握	直线领导或其他培训师	

续表

编号	培训内容	培训课时	培训周期	培训方式	培训效果	培训师资	备注
1.23	防火防爆	1	3年	课堂培训	掌握	直线领导或其他培训师	
1.24	危害因素识别与风险评价	4	2年	课堂培训	掌握	直线领导或其他培训师	
1.25	危险化学品管理	2	3年	课堂培训	掌握	直线领导或其他培训师	
1.26	硫化氢防护	4	3年	课堂培训	掌握	直线领导或其他培训师	
2	岗位操作技能						
2.1	球阀						
2.1.1	结构及工作原理	0.25	3年	课堂培训	掌握	直线领导或其他培训师	
2.1.2	开关操作	0.25	3年	实操培训	掌握	直线领导或其他培训师	
2.1.3	阀腔的放空和排污	0.25	3年	实操培训	掌握	直线领导或其他培训师	
2.1.4	外漏检查	0.25	3年	实操培训	掌握	直线领导或其他培训师	
2.1.5	内漏检查	0.25	3年	实操培训	掌握	直线领导或其他培训师	
2.1.6	限位检查	0.25	3年	实操培训	掌握	直线领导或其他培训师	
2.1.7	安装阶段限位调整	0.25	3年	实操培训	掌握	直线领导或其他培训师	
2.1.8	运行阶段限位调整	0.25	3年	实操培训	掌握	直线领导或其他培训师	
2.1.9	阀座润滑	0.25	3年	实操培训	掌握	直线领导或其他培训师	
2.1.10	变速箱润滑	0.25	3年	实操培训	掌握	直线领导或其他培训师	
2.1.11	注脂嘴更换	0.25	3年	实操培训	掌握	直线领导或其他培训师	
2.1.12	排污嘴更换	0.25	3年	实操培训	掌握	直线领导或其他培训师	
2.1.13	内漏处置	0.25	3年	实操培训	了解	直线领导或其他培训师	
2.1.14	阀杆外漏处置	0.25	3年	实操培训	掌握	直线领导或其他培训师	
2.1.15	变速箱更换	0.25	3年	实操培训	掌握	直线领导或其他培训师	
2.1.16	中法兰外漏处置	0.25	3年	实操培训	掌握	直线领导或其他培训师	
2.1.17	过扭矩故障处置	0.25	3年	实操培训	掌握	直线领导或其他培训师	
2.2	旋塞阀						
2.2.1	结构及工作原理	0.25	3年	课堂培训	掌握	直线领导或其他培训师	
2.2.2	开关操作	0.25	3年	实操培训	掌握	直线领导或其他培训师	

续表

编号	培训内容	培训课时	培训周期	培训方式	培训效果	培训师资	备注
2.2.2.3	外漏检查	0.25	3年	实操培训	掌握	直线领导或其他培训师	
2.2.2.4	内漏检查	0.25	3年	实操培训	掌握	直线领导或其他培训师	
2.2.2.5	阀体润滑	0.25	3年	实操培训	掌握	直线领导或其他培训师	
2.2.2.6	变速箱润滑	0.25	3年	实操培训	了解	直线领导或其他培训师	
2.2.2.7	限位检查	0.25	3年	实操培训	了解	直线领导或其他培训师	
2.2.2.8	阀门安装阶段限位调整	0.25	3年	实操培训	掌握	直线领导或其他培训师	
2.2.2.9	运行阶段限位调整	0.25	3年	实操培训	掌握	直线领导或其他培训师	
2.2.2.10	注脂嘴更换	0.25	3年	实操培训	了解	直线领导或其他培训师	
2.2.2.11	内漏处置	0.25	3年	实操培训	掌握	直线领导或其他培训师	
2.2.2.12	变速箱更换	0.25	3年	实操培训	掌握	直线领导或其他培训师	
2.2.2.13	阀杆漏气处置	0.25	3年	实操培训	掌握	直线领导或其他培训师	
2.3	气液联动执行机构						
2.3.1	结构及工作原理	0.25	3年	课堂培训	掌握	直线领导或其他培训师	
2.3.2	执行机构操作前的检查	0.25	3年	实操培训	掌握	直线领导或其他培训师	
2.3.3	执行机构的开关操作	0.25	3年	实操培训	掌握	直线领导或其他培训师	
2.3.4	Lineguard电子控制单元的操作	0.25	3年	实操培训	了解	直线领导或其他培训师	
2.3.5	执行机构功能测试	0.25	3年	实操培训	掌握	直线领导或其他培训师	
2.3.6	油位检查和调整	0.25	3年	实操培训	了解	直线领导或其他培训师	
2.3.7	限位检查和调整	0.25	3年	实操培训	掌握	直线领导或其他培训师	
2.3.8	储油罐排污	0.25	3年	实操培训	了解	直线领导或其他培训师	
2.3.9	旋翼执行器排污	0.25	3年	实操培训	了解	直线领导或其他培训师	
2.3.10	提升阀气路控制块装置内滤芯电磁阀更换	0.25	3年	实操培训	了解	直线领导或其他培训师	
2.3.11	执行机构远程控制单元内压力传感器的更换	0.25	3年	实操培训	了解	直线领导或其他培训师	
2.3.12	电子控制单元内压力传感器的更换	0.25	3年	实操培训	了解	直线领导或其他培训师	
2.3.13	电子控制单元内浪涌保护器更换	0.25	3年	实操培训	了解	直线领导或其他培训师	

续表

编号	培训内容	培训课时	培训周期	培训方式	培训效果	培训师资	备注
2.4	轨道式球阀						
2.4.1	结构及工作原理	0.25	3年	课堂培训	掌握	直线领导或其他培训师	
2.4.2	开关操作	0.25	3年	实操培训	掌握	直线领导或其他培训师	
2.4.3	外漏检查	0.25	3年	实操培训	掌握	直线领导或其他培训师	
2.4.4	内漏检查	0.25	3年	实操培训	掌握	直线领导或其他培训师	
2.4.5	内漏处置	0.25	3年	实操培训	掌握	直线领导或其他培训师	
2.4.6	阀杆外漏处置						
2.5	RMG系列自力式调压阀						
2.5.1	结构及工作原理	0.25	3年	课堂培训	掌握	直线领导或其他培训师	
2.5.2	调压支路的切换	0.25	3年	实操培训	掌握	直线领导或其他培训师	
2.5.3	调压参数的调整及调试	0.25	3年	实操培训	了解	直线领导或其他培训师	
2.5.4	外漏检查	0.25	3年	实操培训	掌握	直线领导或其他培训师	
2.5.5	内漏检查	0.25	3年	实操培训	掌握	直线领导或其他培训师	
2.5.6	指挥器及过滤器的检查维护	0.25	3年	实操培训	了解	直线领导或其他培训师	
2.5.7	阀口垫片和阀体膜片的更换	0.25	3年	实操培训	了解	直线领导或其他培训师	
2.5.8	指挥器及过滤器更换	0.25	3年	实操培训	掌握	直线领导或其他培训师	
2.5.9	阀位指示器润滑维护	0.25	3年	实操培训	了解	直线领导或其他培训师	
2.6	RMG711翻板式紧急截断阀						
2.6.1	结构及工作原理	0.25	3年	课堂培训	掌握	直线领导或其他培训师	
2.6.2	开关操作	0.25	3年	实操培训	掌握	直线领导或其他培训师	
2.6.3	外漏检查	0.25	3年	实操培训	掌握	直线领导或其他培训师	
2.6.4	内漏检查	0.25	3年	实操培训	了解	直线领导或其他培训师	
2.6.5	执行机构装置及指挥器润滑维护	0.25	3年	实操培训	掌握	直线领导或其他培训师	
2.6.6	功能测试	0.25	3年	实操培训	了解	直线领导或其他培训师	
2.6.7	参数设定	0.25	3年	实操培训	了解	直线领导或其他培训师	
2.6.8	指挥器除冰堵	0.25	3年	实操培训	掌握	直线领导或其他培训师	

续表

编号	培训内容	培训课时	培训周期	培训方式	培训效果	培训师资	备注
2.7	RMG 电动调压阀						
2.7.1	结构及工作原理	0.25	3年	课堂培训	掌握	直线领导或其他培训师	
2.7.2	调压支路的切换	0.25	3年	实操培训	掌握	直线领导或其他培训师	
2.7.3	开关操作	0.25	3年	实操培训	掌握	直线领导或其他培训师	
2.7.4	外漏检查	0.25	3年	实操培训	掌握	直线领导或其他培训师	
2.7.5	内漏检查	0.25	3年	实操培训	掌握	直线领导或其他培训师	
2.7.6	电动执行机构的检查维护	0.25	3年	实操培训	掌握	直线领导或其他培训师	
2.7.7	参数设定	0.25	3年	实操培训	了解	直线领导或其他培训师	
2.7.8	调压阀电动执行器故障					直线领导或其他培训师	
2.7.9	调压阀解体维修	0.25	3年	实操培训	了解	直线领导或其他培训师	
2.8	Mokveld 轴流式电动调压阀						
2.8.1	结构及工作原理	0.25	3年	课堂培训	掌握	直线领导或其他培训师	
2.8.2	调压支路的切换	0.25	3年	实操培训	掌握	直线领导或其他培训师	
2.8.3	开关操作	0.25	3年	实操培训	掌握	直线领导或其他培训师	
2.8.4	参数设定	0.25	3年	实操培训	掌握	直线领导或其他培训师	
2.8.6	外漏检查	0.25	3年	实操培训	掌握	直线领导或其他培训师	
2.8.7	内漏检查	0.25	3年	实操培训	了解	直线领导或其他培训师	
2.8.8	阀体内漏故障处置	0.25	3年	实操培训	了解	直线领导或其他培训师	
2.8.9	调压阀电动执行器故障	0.25	3年	实操培训	了解	直线领导或其他培训师	
2.9	Mokveld 轴流式紧急截断阀						
2.9.1	结构及工作原理	0.25	3年	课堂培训	掌握	直线领导或其他培训师	
2.9.2	开关操作	0.25	3年	实操培训	掌握	直线领导或其他培训师	
2.9.3	外漏检查	0.25	3年	实操培训	掌握	直线领导或其他培训师	
2.9.4	内漏检查	0.25	3年	实操培训	掌握	直线领导或其他培训师	
2.9.5	执行机构装置润滑维护	0.25	3年	实操培训	了解	直线领导或其他培训师	

续表

编号	培训内容	培训课时	培训周期	培训方式	培训效果	培训师资	备注
2.9.6	功能测试	0.25	3年	实操培训	了解	直线领导或其他培训师	
2.9.7	参数设定	0.25	3年	实操培训	了解	直线领导或其他培训师	
2.9.8	过滤器检查和清洁	0.25	3年	实操培训	掌握	直线领导或其他培训师	
2.10	Tartarini FL系列自力式调压阀						
2.10.1	结构及工作原理	0.25	3年	课堂培训	掌握	直线领导或其他培训师	
2.10.2	调压支路的切换	0.25	3年	实操培训	掌握	直线领导或其他培训师	
2.10.3	调压参数的调整及调试	0.25	3年	实操培训	掌握	直线领导或其他培训师	
2.10.4	外漏检查	0.25	3年	实操培训	掌握	直线领导或其他培训师	
2.10.5	内漏检查	0.25	3年	实操培训	掌握	直线领导或其他培训师	
2.10.6	指挥器及过滤器的检查维护	0.25	3年	实操培训	掌握	直线领导或其他培训师	
2.10.7	指挥器及过滤器冰堵	0.25	3年	实操培训	了解	直线领导或其他培训师	
2.10.8	远传阀位指示器的更换	0.25	3年	实操培训	掌握	直线领导或其他培训师	
2.11	Tartarini BM5型紧急截断阀						
2.11.1	结构及工作原理	0.25	3年	课堂培训	掌握	直线领导或其他培训师	
2.11.2	开关操作	0.25	3年	实操培训	掌握	直线领导或其他培训师	
2.11.3	参数设定	0.25	3年	实操培训	了解	直线领导或其他培训师	
2.11.4	外漏检查	0.25	3年	实操培训	掌握	直线领导或其他培训师	
2.11.5	内漏检查	0.25	3年	实操培训	掌握	直线领导或其他培训师	
2.11.6	指挥器的润滑维护	0.25	3年	实操培训	了解	直线领导或其他培训师	
2.11.7	功能测试	0.25	3年	实操培训	了解	直线领导或其他培训师	
2.11.8	指挥器皮膜更换	0.25	3年	实操培训	掌握	直线领导或其他培训师	
2.11.9	指挥器冰堵	0.25	3年	实操培训	掌握	直线领导或其他培训师	
2.12	过滤分离器						
2.12.1	结构及工作原理	0.25	3年	课堂培训	掌握	直线领导或其他培训师	
2.12.2	过滤分离器支路的切换	0.25	3年	实操培训	掌握	直线领导或其他培训师	
2.12.3	过滤分离器的排污操作	0.25	3年	实操培训	掌握	直线领导或其他培训师	

续表

编号	培训内容	培训课时	培训周期	培训方式	培训效果	培训师资	备注
2.12.4	滤芯更换	0.25	3年	实操培训	掌握	直线领导或其他培训师	
2.12.5	更换盲板和安全销密封圈	0.25	3年	实操培训	掌握	直线领导或其他培训师	
2.13	Rotork IQ系列电动执行机构						
2.13.1	结构及工作原理	0.25	3年	课堂培训	掌握	直线领导或其他培训师	
2.13.2	就地控制的手动开关操作	0.25	3年	实操培训	掌握	直线领导或其他培训师	
2.13.3	就地控制的电动开关测试	0.25	3年	实操培训	掌握	直线领导或其他培训师	
2.13.4	远程控制开关操作	0.25	3年	实操培训	掌握	直线领导或其他培训师	
2.13.5	供电情况检查	0.25	3年	实操培训	掌握	直线领导或其他培训师	
2.13.6	限位检查及调整	0.25	3年	实操培训	掌握	直线领导或其他培训师	
2.13.7	执行机构输出扭矩调整	0.25	3年	实操培训	掌握	直线领导或其他培训师	
2.13.8	执行机构过扭矩处理	0.25	3年	实操培训	掌握	直线领导或其他培训师	
2.14	Rotork拨叉式气动执行机构						
2.14.1	结构及工作原理	0.25	3年	课堂培训	掌握	直线领导或其他培训师	
2.14.2	开关操作	0.25	3年	实操培训	掌握	直线领导或其他培训师	
2.14.3	就地控制气动开关测试	0.25	3年	实操培训	掌握	直线领导或其他培训师	
2.14.4	就地控制的手动开关测试	0.25	3年	实操培训	掌握	直线领导或其他培训师	
2.14.5	站控控制开关测试	0.25	3年	实操培训	了解	直线领导或其他培训师	
2.14.6	站控ESD功能测试	0.25	3年	实操培训	了解	直线领导或其他培训师	
2.14.7	维护保养	0.25	3年	实操培训	掌握	直线领导或其他培训师	
2.14.8	活塞密封圈更换	0.25	3年	实操培训	掌握	直线领导或其他培训师	
2.14.9	过滤器滤芯的清洁或更换	0.25	3年	实操培训	掌握	直线领导或其他培训师	
2.15	Biffi电动执行机构						
2.15.1	结构及工作原理	0.25	3年	课堂培训	掌握	直线领导或其他培训师	
2.15.2	就地控制开关操作	0.25	3年	实操培训	掌握	直线领导或其他培训师	
2.15.3	远程控制开关操作	0.25	3年	实操培训	掌握	直线领导或其他培训师	
2.15.4	密封性检查	0.25	3年	实操培训	掌握	直线领导或其他培训师	

续表

编号	培训内容	培训课时	培训周期	培训方式	培训效果	培训师资	备注
2.15.5	供电检查	0.25	3年	实操培训	掌握	直线领导或其他培训师	
2.15.6	限位检查	0.25	3年	实操培训	掌握	直线领导或其他培训师	
2.15.7	扭矩检查	0.25	3年	实操培训	掌握	直线领导或其他培训师	
2.16	××水套炉						
2.16.1	结构及工作原理	0.25	3年	课堂培训	掌握	直线领导或其他培训师	
2.16.2	水套炉启炉	0.25	3年	实操培训	掌握	直线领导或其他培训师	
2.16.3	水套炉停炉	0.25	3年	实操培训	掌握	直线领导或其他培训师	
2.16.4	外漏检查	0.25	3年	实操培训	掌握	直线领导或其他培训师	
2.16.5	水套炉相关部件的检查与维护	0.25	3年	实操培训	了解	直线领导或其他培训师	
2.16.6	更换点火电极或离子探针	0.25	3年	实操培训	了解	直线领导或其他培训师	
2.16.7	更换电磁阀组或滤芯	0.25	3年	实操培训	掌握	直线领导或其他培训师	
2.17	Bettis气动执行机构						
2.17.1	结构及工作原理	0.25	3年	课堂培训	掌握	直线领导或其他培训师	
2.17.2	开关操作	0.25	3年	实操培训	掌握	直线领导或其他培训师	
2.17.3	密封性检查	0.25	3年	实操培训	了解	直线领导或其他培训师	
2.17.4	过滤器检查	0.25	3年	实操培训	掌握	直线领导或其他培训师	
2.17.5	限位检查	0.25	3年	实操培训	掌握	直线领导或其他培训师	
2.17.6	传动装置的润滑	0.25	3年	实操培训	了解	直线领导或其他培训师	
2.17.7	活塞密封圈更换	0.25	3年	实操培训	掌握	直线领导或其他培训师	
2.17.8	过滤器滤芯的清洁或更换	0.25	3年	实操培训	掌握	直线领导或其他培训师	
2.18	常压采暖锅炉						
2.18.1	结构及工作原理	0.25	3年	课堂培训	掌握	直线领导或其他培训师	
2.18.2	锅炉的启动运行	0.25	3年	实操培训	掌握	直线领导或其他培训师	
2.18.3	干法保养	0.25	3年	实操培训	了解	直线领导或其他培训师	
2.18.4	湿法保养	0.25	3年	实操培训	了解	直线领导或其他培训师	
2.18.5	年度保养	0.25	3年	实操培训	了解	直线领导或其他培训师	

续表

编号	培训内容	培训课时	培训周期	培训方式	培训效果	培训师资	备注
2.18.6	软化水装置维护保养	0.25	3年	实操培训	了解	直线领导或其他培训师	
2.19	承压采暖锅炉						
2.19.1	结构及工作原理	0.25	3年	课堂培训	掌握	直线领导或其他培训师	
2.19.2	承压采暖锅炉启炉操作	0.25	3年	实操培训	掌握	直线领导或其他培训师	
2.19.3	停炉操作	0.25	3年	实操培训	掌握	直线领导或其他培训师	
2.19.4	排污作业	0.25	3年	实操培训	了解	直线领导或其他培训师	
2.19.5	湿法保养	0.25	3年	实操培训	了解	直线领导或其他培训师	
2.19.6	干法保养	0.25	3年	实操培训	掌握	直线领导或其他培训师	
2.19.7	软化水装置排污阀	0.25	3年	实操培训	掌握	直线领导或其他培训师	
2.20	阀套式排污阀						
2.20.1	结构及工作原理	0.25	3年	课堂培训	掌握	直线领导或其他培训师	
2.20.2	开阀操作	0.25	3年	实操培训	掌握	直线领导或其他培训师	
2.20.3	关阀操作	0.25	3年	实操培训	掌握	直线领导或其他培训师	
2.20.4	排污操作	0.25	3年	实操培训	掌握	直线领导或其他培训师	
2.20.5	外漏检查	0.25	3年	实操培训	掌握	直线领导或其他培训师	
2.20.6	内漏检查	0.25	3年	实操培训	掌握	直线领导或其他培训师	
2.20.7	阀杆丝杠润滑	0.25	3年	实操培训	掌握	直线领导或其他培训师	
2.20.8	注脂嘴更换	0.25	3年	实操培训	掌握	直线领导或其他培训师	
2.20.9	内漏处置	0.25	3年	实操培训	掌握	直线领导或其他培训师	
2.20.10	阀杆外漏处置	0.25	3年	实操培训	掌握	直线领导或其他培训师	
2.20.11	阀盖处外漏处置	0.25	3年	实操培训	了解	直线领导或其他培训师	
2.20.12	阀门开关故障处置	0.25	3年	实操培训	掌握	直线领导或其他培训师	
2.21	放空点火系统						
2.21.1	结构及工作原理	0.25	3年	课堂培训	掌握	直线领导或其他培训师	
2.21.2	引火筒点火	0.25	3年	实操培训	掌握	直线领导或其他培训师	
2.21.3	地面内传焰式点火	0.25	3年	实操培训	掌握	直线领导或其他培训师	

续表

编号	培训内容	培训课时	培训周期	培训方式	培训效果	培训师资	备注
2.21.4	管道检查	0.25	3年	实操培训	掌握	直线领导或其他培训师	
2.21.5	点火装置检查	0.25	3年	实操培训	掌握	直线领导或其他培训师	
2.21.6	电磁阀检查	0.25	3年	实操培训	掌握	直线领导或其他培训师	
2.21.7	更换电嘴	0.25	3年	实操培训	了解	直线领导或其他培训师	
2.21.8	更换电磁阀阀组	0.25	3年	实操培训	了解	直线领导或其他培训师	
2.22	快开盲板						
2.22.1	快开盲板的开启操作	0.25	3年	实操培训	掌握	直线领导或其他培训师	
2.22.2	快开盲板的关闭操作	0.25	3年	实操培训	掌握	直线领导或其他培训师	
2.22.3	密封性能检查	0.25	3年	实操培训	了解	直线领导或其他培训师	
2.22.4	盲板居中的调整	0.25	3年	实操培训	掌握	直线领导或其他培训师	
2.22.5	锁紧装置的更换	0.25	3年	实操培训	了解	直线领导或其他培训师	
2.22.6	密封圈的更换	0.25	3年	实操培训	掌握	直线领导或其他培训师	
2.22.7	盲板外漏的处理	0.25	3年	实操培训	掌握	直线领导或其他培训师	
2.23	平板闸阀						
2.23.1	结构及工作原理	0.25	3年	课堂培训	掌握	直线领导或其他培训师	
2.23.2	平板闸阀开关操作	0.25	3年	实操培训	掌握	直线领导或其他培训师	
2.23.3	外漏检查	0.25	3年	实操培训	掌握	直线领导或其他培训师	
2.23.4	内漏检查	0.25	3年	实操培训	掌握	直线领导或其他培训师	
2.23.5	阀体润滑	0.25	3年	实操培训	掌握	直线领导或其他培训师	
2.23.6	阀杆轴承润滑	0.25	3年	实操培训	掌握	直线领导或其他培训师	
2.23.7	注脂嘴更换	0.25	3年	实操培训	掌握	直线领导或其他培训师	
2.23.8	内漏处置	0.25	3年	实操培训	掌握	直线领导或其他培训师	
2.23.9	挺杆剪切销子和止推轴承的更换	0.25	3年	实操培训	了解	直线领导或其他培训师	
2.23.10	更换挺杆盘根	0.25	3年	实操培训	掌握	直线领导或其他培训师	
2.24	清管指示器						
2.24.1	结构及工作原理	0.25	3年	实操培训	掌握	直线领导或其他培训师	

续表

编号	培训内容	培训课时	培训周期	培训方式	培训效果	培训师资	备注
2.24.2	参数查询	0.25	3年	实操培训	了解	直线领导或其他培训师	
2.24.3	设置时钟	0.25	3年	实操培训	了解	直线领导或其他培训师	
2.25	安全阀						
2.25.1	结构及工作原理	0.25	3年	实操培训	掌握	直线领导或其他培训师	
2.25.2	检定	0.25	3年	实操培训	了解	直线领导或其他培训师	
2.26	消防栓						
2.26.1	消防栓的检查	0.25	3年	实操培训	掌握	直线领导或其他培训师	
2.26.2	消防栓的使用	0.25	3年	实操培训	掌握	直线领导或其他培训师	
2.26.3	消防栓的维修与检验	0.25	3年	实操培训	了解	直线领导或其他培训师	
2.26.4	消防流程切换	0.25	3年	实操培训	掌握	直线领导或其他培训师	
2.26.5	消防水池检查与维护	0.25	3年	实操培训	掌握	直线领导或其他培训师	
2.27	管道水平度测量						
2.27.1	水平尺使用	0.25	3年	实操培训	掌握	直线领导或其他培训师	
2.27.2	角度换算	0.25	3年	实操培训	掌握	直线领导或其他培训师	
2.28	站场放空与排污						
	操作	0.25	3年	实操培训	掌握	直线领导或其他培训师	
2.29	排污池						
2.29.1	排污池的清理	0.25	3年	实操培训	了解	直线领导或其他培训师	
2.29.2	排污池附属部件的管理	0.25	3年	实操培训	掌握	直线领导或其他培训师	
2.29.3	日常巡检、注水和加盐	0.25	3年	实操培训	掌握	直线领导或其他培训师	
2.30	工具使用	1	3年	实操培训	掌握	直线领导或其他培训师	
	各种工具的使用方法及注意事项						
2.31	气动注脂机	2	3年	实操培训	掌握	直线领导或其他培训师	
2.32	热媒炉	2	3年	实操培训	掌握	直线领导或其他培训师	
2.33	手动注脂枪	2	3年	实操培训	掌握	直线领导或其他培训师	
2.34	消防泵	2	3年	实操培训	掌握	直线领导或其他培训师	

续表

编号	培训内容	培训课时	培训周期	培训方式	培训效果	培训师资	备注
2.35	旋风分离器	2	3年	实操培训	掌握	直线领导或其他培训师	
2.36	移动脚手架	2	3年	实操培训	掌握	直线领导或其他培训师	
2.37	移动式空压机	2	3年	实操培训	掌握	直线领导或其他培训师	
2.38	移动式注醇泵装置	2	3年	实操培训	掌握	直线领导或其他培训师	
2.39	站场PDA巡检系统	2	3年	实操培训	掌握	直线领导或其他培训师	
2.40	站场设备设施刷漆规范	2	3年	实操培训	掌握	直线领导或其他培训师	
2.41	蒸汽锅炉车	2	3年	实操培训	掌握	直线领导或其他培训师	
2.42	制氮机组	2	3年	实操培训	了解	直线领导或其他培训师	
2.43	自用气橇	2	3年	实操培训	掌握	直线领导或其他培训师	
2.44	固定式注醇泵装置	2	3年	实操培训	掌握	直线领导或其他培训师	
2.45	管壳换热器	2	3年	实操培训	掌握	直线领导或其他培训师	
2.46	管线保温层	2	3年	实操培训	掌握	直线领导或其他培训师	
2.47	红外成像仪	2	3年	实操培训	了解		
2.48	法兰拆装	2	3年	实操培训	掌握	直线领导或其他培训师	
2.49	地埋式污水处理系统	0.25	3年	课堂培训	掌握	直线领导或其他培训师	
2.50	超声波测厚仪	0.25	3年	实操培训	了解	直线领导或其他培训师	
2.51	测温仪	0.25	3年	实操培训	掌握	直线领导或其他培训师	
2.52	PLC、RTU、DCS						
2.52.1	网络拓扑图	0.25	3年	实操培训	了解	直线领导或其他培训师	
2.52.2	硬件构造（模块识别、指示灯及状态的含义）						
2.52.3	正常状态和故障状态的检查						
2.52.4	功能、接线						
2.52.5	PLC系统重启						
2.53	站控系统						
2.53.1	系统登录、注销、系统启动、关闭	0.25	3年	实操培训	掌握	直线领导或其他培训师	

续表

编号	培训内容	培训课时	培训周期	培训方式	培训效果	培训师资	备注
2.53.2	操作员界面操作(报警、趋势、流程图查看、界面切换、单体设备操作、维护值设定等)	0.25	3年	实操培训	掌握	直线领导或其他培训师	
2.53.3	管理员界面操作	0.25	3年	实操培训	掌握	直线领导或其他培训师	
2.54	流量计算机						
2.54.1	结构及工作原理	0.25	3年	课堂培训	了解	直线领导或其他培训师	
2.54.2	压力、温度、流量、流速、声速核查、时钟等参数查询	0.25	3年	实操培训	掌握	直线领导或其他培训师	
2.54.3	参数设置(组分输入、压力、温度等常规参数设置)	0.25	3年	实操培训	掌握	直线领导或其他培训师	
2.54.4	工作状态识别、报警的检查、打印	0.25	3年	实操培训	掌握	直线领导或其他培训师	
2.55	在线色谱分析仪						
2.55.1	结构及工作原理	0.25	3年	课堂培训	了解	直线领导或其他培训师	
2.55.2	参数查询	0.25	3年	实操培训	了解	直线领导或其他培训师	
2.55.3	工作状态识别、报警的检查	0.25	3年	实操培训	掌握	直线领导或其他培训师	
2.55.4	分析仪投运和停机	0.25	3年	实操培训	掌握	直线领导或其他培训师	
2.55.5	气瓶压力检查	0.25	3年	实操培训	掌握	直线领导或其他培训师	
2.55.6	平衡电位的测量及调整	0.25	3年	实操培训	掌握	直线领导或其他培训师	
2.55.7	常见故障判断及处理方法	0.25	3年	课堂培训	掌握	直线领导或其他培训师	
2.56	超声流量计						
2.56.1	结构及工作原理	0.25	3年	课堂培训	了解	直线领导或其他培训师	
2.56.2	流量计的拆卸、安装	0.25	3年	实操培训	了解	直线领导或其他培训师	
2.56.3	常见故障判断及处理方法	0.25	3年	课堂培训	了解	直线领导或其他培训师	
2.57	涡轮流量计						
2.57.1	结构及工作原理	0.25	3年	课堂培训	了解	直线领导或其他培训师	
2.57.2	流量计的拆卸、安装	0.25	3年	实操培训	了解	直线领导或其他培训师	
2.57.3	润滑系统的维护	0.25	3年	实操培训	掌握	直线领导或其他培训师	
2.57.4	常见故障判断及处理方法	0.25	3年	实操培训	了解	直线领导或其他培训师	

续表

编号	培训内容	培训课时	培训周期	培训方式	培训效果	培训师资	备注
2.58	压力(差压)变送器						
2.58.1	结构及工作原理	0.25	3年	课堂培训	掌握	直线领导或其他培训师	
2.58.2	仪表阀(两阀组、五阀组)的操作、更换	0.25	3年	实操培训	掌握	直线领导或其他培训师	
2.58.3	校准/检定	0.25	3年	实操培训	了解	直线领导或其他培训师	
2.58.4	常见故障判断及处理方法	0.25	3年	实操培训	了解	直线领导或其他培训师	
2.59	压力(差压)表						
2.59.1	结构及工作原理	0.25	3年	课堂培训	掌握	直线领导或其他培训师	
2.59.2	示值及零点检查	0.25	3年	实操培训	掌握	直线领导或其他培训师	
2.59.3	压力表的拆装	0.25	3年	实操培训	掌握	直线领导或其他培训师	
2.59.4	仪表阀(两阀组、五阀组)的操作、更换	0.25	3年	实操培训	了解	直线领导或其他培训师	
2.59.5	校准	0.25	3年	实操培训	了解	直线领导或其他培训师	
2.60	铂电阻						
2.60.1	结构及工作原理	0.25	3年	课堂培训	了解	直线领导或其他培训师	
2.60.2	绝缘电阻测试	0.25	3年	实操培训	了解	直线领导或其他培训师	
2.60.3	更换	0.25	3年	实操培训	了解	直线领导或其他培训师	
2.61	双金属温度计						
2.61.1	示值检查	0.25	3年	实操培训	掌握	直线领导或其他培训师	
2.61.2	更换	0.25	3年	实操培训	掌握	直线领导或其他培训师	
2.61.3	校准	0.25	3年	实操培训	了解	直线领导或其他培训师	
2.62	温度变送器						
2.62.1	结构及工作原理	0.25	3年	课堂培训	掌握	直线领导或其他培训师	
2.62.2	校准/检定	0.25	3年	实操培训	了解	直线领导或其他培训师	
2.62.3	常见故障判断及处理方法	0.25	3年	实操培训	了解	直线领导或其他培训师	
2.63	火灾报警系统(火灾报警控制器、烟感探测器、温感探测器等)						
2.63.1	结构及工作原理	0.25	3年	课堂培训	了解	直线领导或其他培训师	
2.63.2	菜单操作	0.25	3年	实操培训	掌握	直线领导或其他培训师	

续表

编号	培训内容	培训课时	培训周期	培训方式	培训效果	培训师资	备注
2.63.3	报警信息查询与确认	0.25	3年	实操培训	掌握	直线领导或其他培训师	
2.63.4	测试	0.25	3年	实操培训	了解	直线领导或其他培训师	
2.63.5	常见故障判断及处理方法	0.25	3年	实操培训	了解	直线领导或其他培训师	
2.64	调压控制器						
2.64.1	按键的识别与操作	0.25	3年	实操培训	掌握	直线领导或其他培训师	
2.64.2	常规参数的查询和设置(流量,压力设定等)	0.25	3年	实操培训	掌握	直线领导或其他培训师	
2.64.3	控制器的启机,停机操作	0.25	3年	实操培训	掌握	直线领导或其他培训师	
2.64.4	常见故障判断及处理方法	0.25	3年	实操培训	掌握	直线领导或其他培训师	
2.65	总线控制器						
2.65.1	按键的识别与操作	0.25	3年	实操培训	掌握	直线领导或其他培训师	
2.65.2	菜单操作:常规参数的查询和设置	0.25	3年	实操培训	掌握	直线领导或其他培训师	
2.65.3	控制器的启机,停机操作	0.25	3年	实操培训	掌握	直线领导或其他培训师	
2.65.4	常见故障判断及处理方法	0.25	3年	实操培训	掌握	直线领导或其他培训师	
2.66	ESD系统						
2.66.1	模块识别,指示灯及状态的含义	0.25	3年	实操培训	掌握	直线领导或其他培训师	
2.66.2	正常状态和故障状态的检查	0.25	3年	实操培训	了解	直线领导或其他培训师	
2.66.3	功能,接线	0.25	3年	实操培训	掌握	直线领导或其他培训师	
2.66.4	ESD触发和执行	0.25	3年	实操培训	掌握	直线领导或其他培训师	
2.66.5	ESD复位	0.25	3年	实操培训	掌握	直线领导或其他培训师	
2.67	液位计(液位变送器)						
2.67.1	启停操作	0.25	3年	实操培训	掌握	直线领导或其他培训师	
2.67.2	读数	0.25	3年	实操培训	掌握	直线领导或其他培训师	
2.67.3	排污操作	0.25	3年	实操培训	掌握	直线领导或其他培训师	
2.68	远维设备						
2.68.1	指示灯及状态的含义(包括短信模块)	0.25	3年	实操培训	掌握	直线领导或其他培训师	
2.68.2	远维设备的重启	0.25	3年	实操培训	掌握	直线领导或其他培训师	

续表

编号	培训内容	培训课时	培训周期	培训方式	培训效果	培训师资	备注
2.69	路由器、交换机						
2.69.1	指示灯及状态的含义	0.25	3年	实操培训	掌握	直线领导或其他培训师	
2.69.2	路由器的重启	0.25	3年	实操培训	掌握	直线领导或其他培训师	
2.69.3	常见故障判断	0.25	3年	实操培训	掌握	直线领导或其他培训师	
2.70	各类按钮						
	各类按钮的功能、操作	1	3年	实操培训	掌握	直线领导或其他培训师	
2.71	接地电阻测试						
	接地电阻测试操作	0.5	2年	实操培训	了解	直线领导或其他培训师	
2.72	蓄电池组						
	蓄电池组放电维护操作	1	2年	实操培训	了解	直线领导或其他培训师	
2.73	发电机						
2.73.1	发电机工作原理及主要构造	0.25	2年	课堂培训	掌握	直线领导或其他培训师	
2.73.2	发电机的运行参数	0.25	3年	实操培训	掌握	直线领导或其他培训师	
2.73.3	发电机就地手动启动	0.25	3年	实操培训	掌握	直线领导或其他培训师	
2.73.4	发电机的自动启动	0.25	3年	实操培训	掌握	直线领导或其他培训师	
2.73.5	发电机的停机	0.25	3年	实操培训	掌握	直线领导或其他培训师	
2.73.6	发电机常见故障及处理方法	0.25	3年	实操培训	掌握	直线领导或其他培训师	
2.74	高杆灯						
2.74.1	高杆灯主要构造和参数	0.25	1年	课堂培训	掌握	直线领导或其他培训师	
2.74.2	高杆灯机械部分检查	0.25	1年	实操培训	掌握	直线领导或其他培训师	
2.74.3	高杆灯电气部分检查	0.25	1年	实操培训	掌握	直线领导或其他培训师	
2.74.4	高杆灯运转检查	0.25	3年	实操培训	掌握	直线领导或其他培训师	
2.74.5	定时灯时间调整	0.25	3年	实操培训	掌握	直线领导或其他培训师	
2.74.6	投光灯升降操作	0.25	3年	实操培训	掌握	直线领导或其他培训师	
2.74.7	灯具更换	0.25	3年	实操培训	掌握	直线领导或其他培训师	

续表

编号	培训内容	培训课时	培训周期	培训方式	培训效果	培训师资	备注
2.75	高压外电线路						
2.76	定期巡检	0.5	3年	实操培训	掌握	直线领导或其他培训师	
	变压器	0.5	3年	实操培训	掌握	直线领导或其他培训师	
2.77	通过声音、温湿度、电压等判断变压器是否工作正常						
2.77.1	变、配电室（低压配电操作）	0.25	3年	实操培训	掌握	直线领导或其他培训师	
2.77.2	停电、送电相关操作	0.25	3年	实操培训	掌握	直线领导或其他培训师	
2.77.3	工作状态检查	0.25	3年	实操培训	了解	直线领导或其他培训师	
2.78	低压配电箱检修程序						
	UPS						
2.78.1	面板操作	0.25	3年	实操培训	掌握	直线领导或其他培训师	
2.78.2	信号灯、亮光条含义	0.25	3年	实操培训	掌握	直线领导或其他培训师	
2.78.3	报警查询	0.25	3年	实操培训	掌握	直线领导或其他培训师	
2.78.4	开机与关机	0.25	3年	实操培训	了解	直线领导或其他培训师	
2.79	双电源转换开关	1	3年	实操培训	了解	直线领导或其他培训师	
2.80	ZW27-12型户外高压真空断路器操作	1	3年	实操培训	了解	直线领导或其他培训师	
2.81	Varlogic NR6、NR12功率因数控制器	1	3年	实操培训	了解	直线领导或其他培训师	
2.82	10kV跌落式保险	1	3年	实操培训	掌握	直线领导或其他培训师	
2.83	FLUKE1625形接地测试仪	1	3年	实操培训	掌握	直线领导或其他培训师	
2.84	FLUKE155C绝缘测试仪	1	3年	实操培训	掌握	直线领导或其他培训师	
2.85	FLUKE80系列数字万用表	1	3年	实操培训	掌握	直线领导或其他培训师	
2.86	FLUKE362钳形电流表	1	3年	实操培训	掌握	直线领导或其他培训师	
2.87	ZC-7型绝缘摇表	1	3年	实操培训	掌握	直线领导或其他培训师	
2.88	验电器	1	3年	实操培训	掌握	直线领导或其他培训师	
2.89	移动电缆盘	1	3年	实操培训	掌握	直线领导或其他培训师	
2.90	电工护具（绝缘靴、绝缘手套、绝缘拉杆、高压声光验电器、接地线、安全带等）	1	3年	实操培训	掌握	直线领导或其他培训师	

续表

编号	培训内容	培训课时	培训周期	培训方式	培训效果	培训师资	备注
2.91	光传输设备						
2.91.1	结构及工作原理	0.25	3年	课堂培训	了解	直线领导或其他培训师	
2.91.2	机房温湿度检查	0.25	3年	实操培训	掌握	直线领导或其他培训师	
2.91.3	设备温度检查	0.25	3年	实操培训	掌握	直线领导或其他培训师	
2.91.4	风扇检查和定期清理	0.25	3年	实操培训	了解	直线领导或其他培训师	
2.91.5	公务电话检查	0.25	3年	实操培训	掌握	直线领导或其他培训师	
2.91.6	设备声音告警检查	0.25	3年	实操培训	掌握	直线领导或其他培训师	
2.91.7	机柜、电路板指示灯观察	0.25	3年	实操培训	了解	直线领导或其他培训师	
2.91.8	常见故障判断及处理方法	0.25	3年	课堂培训	掌握	直线领导或其他培训师	
2.92	语音交换设备						
2.92.1	结构及工作原理	0.25	3年	课堂培训	掌握	直线领导或其他培训师	
2.92.2	工作状态的检查	0.25	3年	实操培训	掌握	直线领导或其他培训师	
2.93	工业监视系统						
2.93.1	工业电视系统组成	0.25	3年	实操培训	掌握	直线领导或其他培训师	
2.93.2	面板键盘、状态指示灯、插口认知	0.25	3年	实操培训	了解	直线领导或其他培训师	
2.93.3	开机与关机和重启	0.25	3年	实操培训	掌握	直线领导或其他培训师	
2.93.4	显示模式切换	0.25	3年	实操培训	了解	直线领导或其他培训师	
2.93.5	摄像机操作（录像、自转回放、手动回放操作、云端控制）	0.25	3年	实操培训	了解	直线领导或其他培训师	
2.93.6	常见故障判断及处理方法	0.25	3年	实操培训	了解	直线领导或其他培训师	
2.93.7	工业电视日常维护	0.25	3年	实操培训	掌握	直线领导或其他培训师	
2.93.8	工业电视系统与振动电缆设置联动操作	0.25	3年	实操培训	了解	直线领导或其他培训师	
2.94	IP电话						
2.94.1	IP电话的安装	0.25	3年	实操培训	了解	直线领导或其他培训师	
2.94.2	IP电话的拨打	0.25	3年	实操培训	掌握	直线领导或其他培训师	
2.94.3	IP电话的配置	0.25	3年	实操培训	了解	直线领导或其他培训师	

续表

编号	培训内容	培训课时	培训周期	培训方式	培训效果	培训师资	备注
2.95	卫星设备						
2.95.1	结构及工作原理	0.25	3年	课堂培训	了解	直线领导或其他培训师	
2.95.2	工作状态的检查	0.25	3年	实操培训	掌握	直线领导或其他培训师	
2.95.3	天线扫雪	0.25	3年	实操培训	掌握	直线领导或其他培训师	
2.96	手持对讲机						
2.96.1	手持对讲机主要结构	0.25	3年	课堂培训	掌握	直线领导或其他培训师	
2.96.2	对讲机的安装	0.25	3年	实操培训	了解	直线领导或其他培训师	
2.96.3	使用（开机、信道选择、调节音量、呼叫、关机）	0.25	3年	实操培训	掌握	直线领导或其他培训师	
2.96.4	对讲机的维护保养	0.25	3年	实操培训	掌握	直线领导或其他培训师	
2.96.5	更换电池	0.25	3年	实操培训	掌握	直线领导或其他培训师	
2.96.6	更换天线	0.25	3年	实操培训	掌握	直线领导或其他培训师	
2.96.7	对讲机的清洁	0.25	3年	实操培训	掌握	直线领导或其他培训师	
2.96.8	对讲机通话规范	0.25	3年	实操培训	掌握	直线领导或其他培训师	
2.96.9	电量显示与充电操作	0.25	3年	实操培训	掌握	直线领导或其他培训师	
2.96.10	常见故障判断与排除	0.25	3年	实操培训	掌握	直线领导或其他培训师	
2.97	防爆扩音系统						
2.97.1	结构及工作原理	0.25	3年	课堂培训	了解	直线领导或其他培训师	
2.97.2	使用（调整通道、通话、扩音呼叫、应急广播）	0.25	3年	实操培训	掌握	直线领导或其他培训师	
2.97.3	维护测试	0.25	3年	实操培训	掌握	直线领导或其他培训师	
2.97.4	设备清洁	0.25	3年	实操培训	了解	直线领导或其他培训师	
2.97.5	常见故障判断及处理方法	0.25	3年	实操培训	了解	直线领导或其他培训师	
2.98	智能周界报警系统						
2.98.1	结构及工作原理	0.25	3年	课堂培训	了解	直线领导或其他培训师	
2.98.2	振动电缆监控系统操作	0.25	3年	实操培训	掌握	直线领导或其他培训师	
2.98.3	周期测试	0.25	3年	实操培训	掌握	直线领导或其他培训师	

续表

编号	培训内容		培训课时	培训周期	培训方式	培训效果	培训师资	备注
2.99	视频系统							
2.99.1		开机,关机操作	0.25	3年	实操培训	掌握	直线领导或其他培训师	
2.99.2		日常维护	0.25	3年	实操培训	掌握	直线领导或其他培训师	
2.99.3		故障诊断与排除	0.25	3年	实操培训	了解	直线领导或其他培训师	
2.100	无线路由器		0.25	3年	实操培训	掌握	直线领导或其他培训师	
2.101	状态指示灯的识别与检查							
2.101.1		普通直联网线的制作	0.25	3年	实操培训	掌握	直线领导或其他培训师	
2.101.2		交叉网线的制作	0.25	3年	实操培训	掌握	直线领导或其他培训师	
2.102	防病毒软件		0.25	3年	实操培训	了解	直线领导或其他培训师	
		安装,卸载						
2.103	防爆手机		0.25	3年	实操培训	掌握	直线领导或其他培训师	
		使用电,充电,功能测试						
2.104	振动电缆							
2.104.1		振动电缆结构及术语	0.25	3年	实操培训	了解	直线领导或其他培训师	
2.104.2		布防,撤防操作	0.25	3年	实操培训	掌握	直线领导或其他培训师	
2.104.3		功能测试	0.25	3年	实操培训	掌握	直线领导或其他培训师	
2.104.4		振动电缆系统保养	0.25	3年	实操培训	了解	直线领导或其他培训师	
2.104.5		常见故障判断及处理方法	0.25	3年	实操培训	了解	直线领导或其他培训师	
2.105	流程切换,控制							
2.105.1		收发球	0.25	3年	实操培训	掌握	直线领导或其他培训师	
2.105.2		管道吹扫,置换	0.25	3年	实操培训	掌握	直线领导或其他培训师	
2.105.3		其他各种工艺流程切换	0.25	3年	实操培训	掌握	直线领导或其他培训师	
2.106	办公电脑							
2.106.1		使用	0.25	3年	实操培训	掌握	直线领导或其他培训师	
2.106.2		维护	0.25	3年	实操培训	掌握	直线领导或其他培训师	

续表

编号	培训内容	培训课时	培训周期	培训方式	培训效果	培训师资	备注
2.107	传真机						
2.107.1	操作	0.25	3年	实操培训	掌握	直线领导或其他培训师	
2.107.2	维护	0.25	3年	课堂培训	了解	直线领导或其他培训师	
2.108	OA等办公系统	0.5	3年	实操培训	掌握	直线领导或其他培训师	
3	生产受控管理流程						
3.1	作业指导书（处、站两级）	2	1年	自学	了解		
3.2	行为安全管理	1	2年	课堂培训	掌握	直线领导或其他培训师	
3.3	作业许可管理	2	2年	课堂培训	掌握	直线领导或其他培训师	
3.4	承包商HSE管理	2	3年	课堂培训	掌握	直线领导或其他培训师	
3.5	消防安全管理	2	3年	课堂培训	掌握	直线领导或其他培训师	
3.6	污染物管理	1	3年	课堂培训	掌握	直线领导或其他培训师	
3.7	职业健康管理	2	3年	课堂培训	掌握	直线领导或其他培训师	
3.8	事故管理	2	1年	课堂培训	掌握	直线领导或其他培训师	
3.9	能源隔离	2	3年	课堂培训	掌握	直线领导或其他培训师	
3.10	热工作业	1	1年	课堂培训	掌握	直线领导或其他培训师	
3.11	受限空间	1	1年	课堂培训	掌握	直线领导或其他培训师	
3.12	高空作业	2	1年	课堂培训	掌握	直线领导或其他培训师	
3.13	挖掘作业	2	1年	课堂培训	掌握	直线领导或其他培训师	
3.14	吊装作业	2	1年	课堂培训	掌握	直线领导或其他培训师	
4	HSE理念、方法工具						
4.1	HSE管理体系	2	3年	自学	了解		
4.2	如何落实责任岗位责任制（有感领导、直线责任、属地管理）	3	3年	自学	了解		
4.3	目视化管理	2	3年	自学	了解		
4.4	HSE培训管理	2	3年	自学	了解		
4.5	行为安全观察和沟通	3	2年	课堂培训	掌握	直线领导或其他培训师	
4.6	作业安全分析	3	1年	课堂培训	掌握	直线领导或其他培训师	
4.7	事故调查与原因分析	3	2年	课堂培训	掌握	直线领导或其他培训师	
4.8	工作循环分析	1	3年	课堂培训	掌握	直线领导或其他培训师	

注：培训课时单位为小时（h）。